静心平衡

—— · 张朝明 编著 · ——

中国中医药出版社

· 北 京 ·

图书在版编目（CIP）数据

静心平衡 / 张朝明编著 . —北京：中国中医药出版社，2018.10
ISBN 978 – 7 – 5132 – 4376 – 6

Ⅰ . ①静…　Ⅱ . ①张…　Ⅲ . ①情绪－自我控制　Ⅳ . ① B842.6

中国版本图书馆 CIP 数据核字（2017）第 181693 号

中国中医药出版社出版

北京市朝阳区北三环东路 28 号易亨大厦 16 层
邮政编码　100013
传真　010-64405750
保定市中画美凯印刷有限公司印刷
各地新华书店经销

开本 710×1000　1/16　印张 14.75　字数 206 千字
2018 年 10 月第 1 版　2018 年 10 月第 1 次印刷
书号　ISBN 978 – 7 – 5132 – 4376 – 6

定价　48.00 元
网址　www.cptcm.com

社 长 热 线　010-64405720
购 书 热 线　010-89535836
维 权 打 假　010-64405753

微信服务号　zgzyycbs
微商城网址　https://kdt.im/LIdUGr
官 方 微 博　http://e.weibo.com/cptcm
天猫旗舰店网址　https://zgzyycbs.tmall.com

如有印装质量问题请与本社出版部联系（010-64405510）

中医学认为，心藏神，主神志。心是内因"神"的灵魂，是千变万化情绪的根源。静心是生命中的大智慧，平衡是身心健康的评价标准。要想成为高尚脱俗的人，就要从静心平衡开始。当你开始懂得以平静的心态去看待改变时，生命的智慧会让你心明眼亮。静心平衡是每个人在生活中都应具有的阳光心态，当你迷茫时放下一点偏执，你就会得到一点平静自在，放下的越多，你便会得到更多，在完全看开放下一切时，你将会彻底感受身心健康的平静幸福。

医学实践充分验证了，人类变态过敏反应源于生存压力下的心理疾病。从医学心理学角度来说，大脑是心的器官，心是大脑的机能。心理健康是建立在"动态平衡"的内稳定状态基础上的心理情绪反应。

人体是一个开放的调节系统，它是由感应器（压力刺激）→传入神经（神经系统）→中枢神经（指挥神经系统）→传出神经（压力反射）→效应器（精神心理、心理生理系统器官）（不良行为）所组成。如果人体内外压力过大，精神长时间高度紧张，就会导致动态失衡，如果不能自我恢复，就会在心理上产生"不良应激"反应，形成患病状态，出现心理障碍及"六神无主"（眼、耳、鼻、舌、身、意）的情绪失控状态，遇事想不开、任性，伤害自己与他人的身心健康。

医学心理学的最高境界是哲学思维。哲学思维是自然知识与社会知识的概括升华，是强者宽恕自救、转变命运的阳光。心理学是一门让人心情愉悦，让世界充满爱的哲学，它能够让即将崩溃的心理状态转化为精神内守的静心状态。

从精神卫生心理学角度来讲，矫正不合理的信念，即"思维的绝对化"，认为任何人或事都是必须的、是错误的。在思维过程中产生这种心理偏差的人，需要通过转变思维中的主、客观回避的睿智心态，及时解除巨大的精神心理"包袱"给自身带来的不幸灾难。医生是为人类解除身体和心理疾病痛苦的职业，我发现人们在生活中屡因缺少对心理健康的认识而偏执到极端，使得心身受摧残。

科学研究证明，许多人生病是因为不懂得爱。20世纪60年代的一个家，有四个孩子，由于生活困难，母亲只能照顾到大的三位，而无暇顾及最小的那个孩子，小儿子给母亲说："妈，你照顾哥哥、姐姐我无怨言，您一天给我做三个大饼子就行。"从此，他便更加自强勤奋学习，不但考上了大学，而且靠勤工俭学，以优异的成绩顺利毕业。毕业后自己开了公司，挣了许多钱，而当他名利双收时，内心却从未感受到幸福。于是，他找心理医生咨询，医生说："你现在的心已被恨填满了，所以感受不到幸福。"于是他敞开心扉，联系了二十多年一直都没有联系的亲人，并帮助他们改善了生存环境，资助了许多需要帮助的人，这让他感受到了从未感受过的幸福感。

《静心平衡》，人生成功的幸福之光。人生成功是指被社会认可，被他人承认，被自身肯定的生命价值。这本指导心理健康的书是笔者在翻越了无数次心底炼狱般的坎坷生活后，在经历了各种压力摧残的生死磨难后，在遭遇了各种冥思苦想创作绝境中感悟出的爱心能量。只有那些内心强大的人，能承受别人承受不了的压力与困惑，才能为人类的生存幸福创造升华的灵魂，播洒人间真善美大爱的情怀，用悬壶济世的医者责任，去实现为人类创作健康好书的非凡价值。

医者仁爱，健康最美。哈佛大学幸福学研究者认为，幸福是人生的终极目标，传播幸福的人是最幸福的人。我认为生命是一个赤裸裸地来，最后连根草都带不走的过程。健康是生命的最高价值体现，养生就是养心，心情是获得幸福的源泉，也是造成不幸的根源。好书蕴藏着无限的生命智慧，读好书等于接受百科大学的最高教育。学会自我调控好心情，才能成为心理健康的人，让来之不易的生命有高质量的幸福感。中医药学就是哲学，是把人类生命健康带入最高境界的科学。

拥有健康，才会拥有高质量的幸福。把健康送给您，是我们每一位医务工作者的心愿，是为了落实党中央"两个百年"主导的奋斗目标以及"健康中国2030"规划纲要的重大举措，是为实现中华民族伟大中国梦打下坚实的健康基础，是把人类生命健康事业放在优先发展战略地位的顶层规划，更是实现每个人一生中最渴望的身心健康。

创新精品，延续母爱

世上亲情无价，父爱如山，母爱无涯。我一生最大的遗憾，就是没有机会用自己所学的医学知识拯救母亲的生命，没能在母亲弥留之际陪伴照顾好母亲。每当我想起慈祥的母亲，思念的情绪就会让我内心压抑，产生无法自由呼吸的感觉，痛苦的泪水便如同潮水般在心底漫卷、在眼角涌出。

记得，那还是在1997年7月的一个夜晚，我突然接到亲人从家里打来的电话，通知我母亲病危，让我迅速回家。此时，我耳边又不断地想起母亲对我的嘱托："儿子啊，你日月生辉的名字是我起的，日为阳，月为阴，是具有本身伟大阳光普照天下之意。你长大后要用日月般的阳光知识温暖天下所有人！"终于，我在六十年后，实现了母亲最深的大爱嘱托。而此刻，我正与国内许多顶级医学专家在大连等地巡诊。

此时此刻，我根本没有意识到母亲已经逝世，而思念母亲的心，让我一分没停地乘长途客车返回。那时车速非常快，又是黑夜穿行，我心中只有一个念头，一定要看到母亲最后一面。然而赶到家后，我看到的竟是母亲的遗容。此时，让我真正感受到了惊呆后的窒息与悲伤后的无泪，内心的绝望让我体会到喊天天不答，喊地地不应的遗憾与痛苦。

人生追求的是亲情、爱情与友情。而心爱的母亲就是在这种疾病缠身、百般无奈、没有与所有亲人话别的情况下离开了我们。多年来，让我历历在目、难以忘怀的正是母亲仙去后张着大嘴的情景，仿佛母亲仙去前曾向世间呐喊："我的孩子，我的宝贝，我的亲人，你们在哪？你们都快回来呀！我太想你们啦！太想再见到你们啦！太想与你们继续生活啦！"

母爱是世界上最伟大、最无私、最纯洁的大爱。母爱犹如风吹送花香，花香飘向哪里，哪里就会充满着温馨与幸福。失去母爱的痛苦让我痛彻心扉，让我更加感受到医者的责任重大。我们只有将对母爱的思念，转化成心明致远，宽容一切的强大胸怀，以静心平衡的能量适应生活，才能让母爱海洋般的亲情温暖得到永久的升华延续。

生命珍贵脆弱没有来生，亲人朋友相伴时的关爱，才会感觉到幸福，而当亲人仙去后，它会化作袅袅青烟，风会向它招手，云会向它点头，雨会为它清洗，雪会为它装扮，雷电会为它壮行。亲情永远不会让爱远走，它会化作空气中的氧气，生命中的清泉，永远萦绕在亲人朋友的心田。

张朝明（日月心）

2018 年 6 月

目录
Catalog

<table>
<tr><td>第一章</td><td>

心理学让人开心　最高境界哲学思维

</td></tr>
</table>

　　《静心平衡》是作者以精神心理卫生学为基础升华展开。心理卫生问题已成为全球性的重大公共卫生问题和突出的社会问题。相关医学调查显示，大约有 75% 以上的人不会调整情绪，需要借助科技手段为他们打开心扉。由于生存竞争压力过大，导致人们心情郁结，思维混乱。预计到 2020 年，心理疾病将占所有疾病的首位。世界上每年约有 100 万人自杀死亡，1000 万人自杀未遂。我国精神心理疾病的患病率约占 10%，约有 1.3 亿患者，每年大概有 25 万人自杀，精神心理疾病在疾病总体类别中占 20%，排名首位，有不同程度的心理卫生问题者占 20% ~ 40%。思维是每个人心中的太阳，人生最高幸福就是精神内守的"静心平衡"状态，精神共性就是"健康"，精神内核，就是"实现梦想"。

<table>
<tr><td>第二章</td><td>

调整好心情　拓展智慧疆界

</td></tr>
</table>

　　医者天下父母心。情绪与情感是人类最复杂的心理过程，也是人类生活最重要的表现形式。面对复杂的生存环境，人们的心理矛盾冲突会通过情绪变化的形式表现出来。在生活中能真正了解自身和掌握运用情绪变化的微妙关系，就能通过认知改变心情，成为和谐适应社会生存，减少心理疾病的发生与发展，为高质量生命健康幸福，为精神心理健康打下坚实的基础。

第三章　生命独一无二　心理平衡身心健康

　　每个人来到这个世上都是独一无二，生命是为追求成功幸福而来的。人从精神功能上分三部分，即原我、自我和超我。人生精神快乐最幸福，人的最高追求在于得到社会的承认重视、他人的认可尊重，自己能静心平衡地面对生活，心甘情愿地发掘自身潜能，是实现人生最高价值的体现。

第四章　学会遗忘转视　享受幸福无边好生活

　　遗忘转视是笑对生存环境压力，内心升华的智慧表现。遗忘烦恼，转视幸福，正是每个人一生渴求的希望。心似花园，幸福无边。人是万物之灵，也是最善变的动物，人的眼睛为什么长在前面，就是为了向前看，向前想，享受每一天好心情。

第五章

标本兼治心理障碍　心花绽放万紫千红

伴随着人类文明的进步发展，越来越多的人更加充分地认识到生命健康的重要性。心理障碍是一种内心失去阳光，一直笼罩在焦虑、抑郁、恐惧、受伤害阴影中的不良反应，它与遗传、成长环境中的各种伤害密不可分，极易造成内心痛苦孤独，钻牛角尖，厌烦一切的不良心态。由于不良心态的应激反应所造成的心理障碍，严重的会造成精神心理与心理生理失去健康。我们只有用科学的思维真正看清心理障碍的起因，才能打开生命健康的密码，让每个人享受由高质量心理成熟带来的健康稳定的幸福生活。

第六章

良好的心态意志　能抑制心底岩浆迸发

从精神心理学的角度来讲，心态指的是一个人在生存过程中的心理状态。它是人们认识、情感与意志行为。生活中计较多、事就多，思维就混乱，心情就遭殃。好的心理状态是生命的健康财富，调整好心理状态，各种矛盾就会少，就能及时平抚不良情绪应激反应的迸发。

第七章 **生气虐心病狂　养心静性身心舒展**

气大伤身。从医学上来讲，生气是"心理障碍"的不良应激反应，生气是一种庸人自扰的现象，它等于中了自身与他人的毒瘾，是普遍存在于每个人的意识与言行的恶魔，生气会让生命处于极危险的崩溃状态，生气会令大脑出现一片空白，出现气虚血虚的濒死感觉。而在那些生气争斗的摩擦背后则隐藏着各种无法收拾的不良心理变幻、与溃败不堪的人生价值观。

第一章

心理学让人开心 最高境界哲学思维

　　《静心平衡》是作者以精神心理卫生学为基础升华展开。心理卫生问题已成为全球性的重大公共卫生问题和突出的社会问题。相关医学调查显示，大约有 75% 以上的人不会调整情绪，需要借助科技手段为他们打开心扉。由于生存竞争压力过大，导致人们心情郁结，思维混乱。预计到 2020 年，心理疾病将占所有疾病的首位。世界上每年约有 100 万人自杀死亡，1000 万人自杀未遂。我国精神心理疾病的患病率约占 10%，约有 1.3 亿患者，每年大概有 25 万人自杀，精神心理疾病在疾病总体类别中占 20%，排名首位，有不同程度的心理卫生问题者占 20%～40%。思维是每个人心中的太阳，人生最高幸福就是精神内守的"静心平衡"状态，精神共性就是"健康"，精神内核，就是"实现梦想"。

第一节

精神心理问题　是内因蜕变的根源

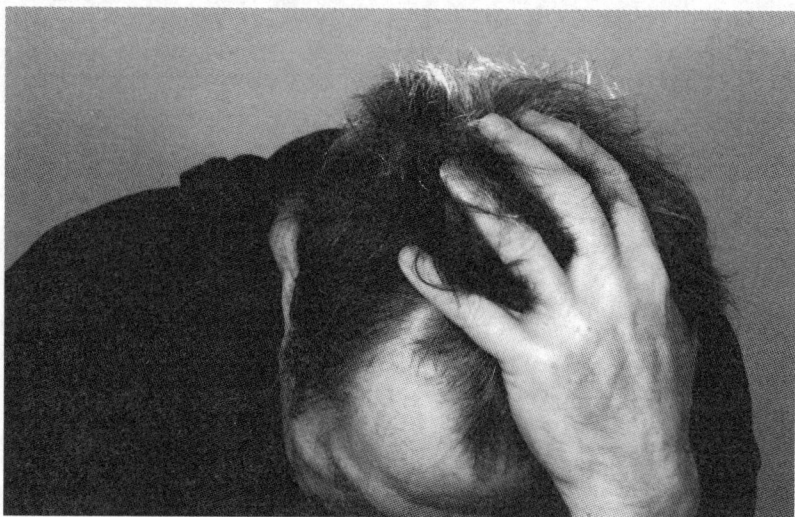

　　医学心理学的最高境界就是哲学。心理学研究人的精神方面，医学则研究生理方面。人的生理活动与心理活动是相互联系，互相制约而产生不同影响的。心理学是从思辨为主的哲学中确立产生的，以 1879 年德国心理学家冯特（1832—1920）在德国莱比锡建立第一个心理实验室为标志。

　　德国心理学家艾宾浩斯曾说："心理学有一个长远的过去，却只有一个短暂的历史。"纵观医学心理学经典，心是人体最重要器官，心主血脉，"主藏神"，大脑是心的器官，心是大脑思维的功能，改变虐心思维，就要从调整心情开始。

及时调节心情，在和谐的生存环境中身心才会健康，快乐长寿。

心理学是一门即古老又年轻的科学。欧洲 16 世纪以前没有"心理学"这个名词，直到梅兰克森（1679—1754）在一次演讲中采用心理学这个词，到沃尔夫使这个名词流行于世间。中国古代文献中出现心理一词是在公元 365 至 427 年间，陶渊明在他的诗中提出："养色含精气，粲然有心理。"

宁静而致远。古人有言："天地是个大宇宙，人体是个小宇宙。"每个人都应以天地万物的变化机理，作为身心健康的养生依据。维持健康身体不仅需要增加气血，也要减少气血的损耗。心境平和、自知之明、淡泊名利的人少招疾病，过激、过久的情志刺激超越了心理调节范围，才是致病的根源。

诺贝尔生理学奖得主伊丽莎白等，总结出心理平衡在人类长寿之道中占最主要位置。静以修身养性，能让人时刻保持思维清醒，知道内心需求，努力培养出非凡的内心气质，及时修正偏差的心理隐患。身心健康是可逆的，可以用科技智慧洗心革面改变自己。生活中拥有一颗随缘的心，就能拥有清静的心，就能及时宽容地看开一切，给自己重生的机会。

情绪要通过学习心理哲学思维来进行自我调整。我们对有心理不良反应的人，只能用理论与实践中的幸福与不幸因素，进行明确提示，而不能起到主导他人思维认知言行的治疗作用。对存在心理疾病患者的治疗方案主要靠患者自己去实施，医生只是辅助患者进行治疗。因为患者最了解自己的病情，能够准确地祛除疾病，除了进行精神心理引导、药物治疗，主要还得自己祛除纠缠于内心深处的烦恼病根。

能够学以致用静心智慧，是人生最大幸福。通过接受心理学的哲学思维教育，患者的主观（内因）能动性得以充分发挥，才会让高度紧张的神经放松下来，从而减轻各种精神心理压力，让情绪变得平稳淡定，在心理哲学指导下，真正脱胎换骨地改变自己的内心世界，从容地面对各种复杂生活环境大浪淘沙般的生命洗礼。否则思维落后，生命关键时刻不能用心把控，就会徒劳一生。不能适应环境生存的代价，就会在痛苦边缘挣扎，甚至死亡。

大医若水，滋润心田，我尊重每个人拥有的生存幸福的权力。生活中，许多人的不幸悲哀都是源于不良的心境，为了让所有人获得健康幸福，需要我们用科学实用的人文知识去改变人们的不良思维。人生短暂，人世间最伟大的事，就是照顾好自己，完成生命责任。心态不好，不努力改变，将成为永生的弱者。

思维决定命运。时间是每个人能给自己的无价之宝，它可以帮你创造幸福财富，也可以让你心情如灰。拼搏中的强者拥有睿智的思维，能够及时把时间看开，把名利看淡，保持一颗随缘清静之心，就会拥有悬崖边自救的大智慧。静心是情绪安定产生智慧的关键，在面临人生最大事件时，是否能高度静心，是判断一个人是否有能力战胜一切获得成功幸福的能量准则。而人生的最大智慧，就是去解决现实问题，让自己健康快乐，让他人生活幸福。

幸福是人生的终极目标，创业进取中一啄一饮都要付出代价。创业的艰辛让我懂得，只有从思维上看淡损失对内心的伤害，才能真正掌握命运，真正懂得人生为什么有的人有享不来的福，却有遭不尽的罪的原因。

人生在世，认识谁都没用，关键时还是要靠自己。穷人与富人的区别在于穷人穷在无智慧思维，不愿付出一切，就想获得成功的迷茫心态；富人富在用心智洞穿一切，发挥最大潜能，用呕心沥血拼搏的意志力去践言践行实现梦想。内心强大的人，最大的潜能就是能在有限的生命时光中，自己扬帆破浪，静心平衡地创造出无限美好的成功幸福。

从全科医药学的角度，人体的自我修复能力是很强的，有些疾病，随着患者心情转佳，疾病也随之好了。人的疾病分功能型、器质型两种，功能型病变是比较轻的疾病，如同螺丝松了一样，紧一下就会好；而器质型病变是比较重的疾病，如同螺丝裂了，紧一下就会坏掉不能使用。

什么是压力？压力是带给每个人精神心理及心理生理的负担。在当今复杂的竞争环境中，每个人都会面对一定的生存压力，这种压力往往存在于个人思维中给自己设定急于实现心理目标上。短期或长期没有实现这个目标或受尽磨难，就会在思维上产生虐心阴影，从而让自己的内心世界透不进生命阳光，从而出现想用昨天的太阳，照亮今天阴暗的幻觉。因此，我们有必要学好心理学，用静心平衡的智慧心态，全面避免似地狱的压力伤害。

境由心生。有心理压力的人所出现的不良应激反应，往往是在自身创业拼搏中受到挫折，在情感上受到伤害，或者是在受到对方的指责、批评、态度冷淡、漠不关心、厌烦、看不起时产生。心情不顺的人，往往是从小在不良环境中成长，幼年时期他们便出现了心理方面的障碍，长大后他们容易出现遇事小心眼、钻牛角尖，或被疾病折磨后不讲道理、变得内向、焦躁、情绪失控、反应敏感，遇到小事就大发脾气等。

人在心情好的情况下，会头脑清醒，有正常的分辨能力、正常的感知能力及情感意志的支配能力。一旦压力烦恼超过了自身心理承受的底线，会让心理状态进一步受到压抑，例如有的人被疾病折磨后，会从此变得内向、焦躁、情绪失控、反应敏感，遇到小事就大发脾气的不稳定心理情绪反应。

静心需要懂得取舍。如果一个人不能及时纠正不良的思维反应，就会使大脑始终处于精神紧张后的焦虑、抑郁、自闭、恐惧、分裂的苦恼之中，同时感受自虐与被虐的精神心理"六神无主"状态，此时被压抑的心理会造成人感受到身体特别沉、特别累的身心痛苦。

生存环境压力常会带来不良心理刺激。心理问题常出现在出国留学、劳务输出、炒股票、下海经商、情感及经济等问题上。在前景诱人的同时，难以预测的风险也常常结伴而至。但即便别无奢望，只求职业稳定，心理宁静，也会让每个人的神经紧绷，处处谨言慎行，不免让我们的内心产生心比天高、命比纸薄的错位感觉。特别是子女上学、升学、就业、婚姻、用房、交际、竞争、养老等诸多方面，时时刻刻都给我们每个人的生活带来精神心理及心理生理上的压力。

心若计较，处处都是阴霾；心若放宽，处处都是阳光。我们要学会做自己的上帝，听从自己的内心。人字简单却最难做，心字平常但最难懂。言行由心，做好自己，无愧此生。人生要在逆境中沉得住气，弯得下腰，抬得起头。人与人之间最难交的是心，我们不去探测人心，有时它会让你失望或绝望。有些事知道就好，不必多说；有些人认识了就行，不必深交。交人就交优秀高尚的人，有正能量的引导会走向成功幸福。

人生是一个极其复杂的生存过程，许多人都是在莽撞后才发现自身的失误，但人生就是直播，没有重来。人生拼搏中欲望越高，压力也会越大，精神心理及心理生理负担便会越难以承受，所以才会出现这样或那样的精神心理问题，以及没及时解决好的不良偏执思维应激反应。

古人云："胸有激雷，面如湖面的人，才是成大业者的胸怀。"人生在世，时刻都会受到精神污染所带来的内心伤害，以及环境中的空气、水、食品的污染，从而大大降低了每个人的机体免疫力。当你感觉压力大的时候，就是你内心脆弱的表现。

静能生慧。让心静下来，才能看淡一切，苦乐随缘，得失随缘是生命无敌的最高境界。心不静是没放下，静下心来就无所谓。永葆一颗平常的心，就会把人生中的患得患失看开放下。

每个人在一段时间内的精神心理或情绪状态，会直接影响自身能力的发挥，以及与他人的沟通和交流，心理不良应激反应是指当事人在心理压抑时，神经系统就会紧张，造成焦虑抑郁、烦躁不安的身心痛苦的疲惫状态。

人生的成功幸福，在于主宰自我思维。我坚信，生命永远高于一切，科学技术知识是人类生命发展的核心推动力，也是为生命大船指引方向与护航的明灯。任何人给予这个世界的最大努力就是让自己成为一个幸福的存在，而苍天赋予生命中最珍贵的礼物就是幸福快乐。

生命是来之不易的无价之宝，人类最大的健康幸福就是静心平衡，让"心理自由"。而那些不会思维，内心总是片面、形而上学偏执到极端的人，往往都是心理阴暗不能自拔、心身遭受摧残的表现。永远行进在精神崩溃、身心疲惫边缘痛苦之中的人，有可能一生都无法获得心理最想要的平安健康、成功幸福的生活。

科学研究证明，很多人患病都是因为没有爱，被痛苦的负面思维所纠缠。爱是世间的良药，宽容是世界上最伟大的爱。每个人都是按自己认知世界的方式活着，能够理解他人就是一种爱的宽容。人与人之间没有结不开的疙瘩，爱与恨只是一念之间，内心有敌意，怨恨对方会让彼此产生烦恼，从而出现心理疾病，降低机体免疫力，失去健康幸福的生活。

金无足赤，人无完人。任何人都会有许多的优点值得学习，有的优点还会让我们深深感动，宽容别人，就是放过自己。事已过去，越纠缠越让内心痛苦无奈。我们应该多站到对方的角度宽恕对方，人没有不犯错误的，谁都会有失误的时候。人应该懂得理解忍让，忍让一时，看开放下，不让烦恼破坏彼此的心理健康基础，甚至影响一生中最难得快乐的幸福生活。

第二节

讲究心理卫生　人活着就是活好心情

　　人生最有价值的规划，就是对自身健康幸福的顶层设计。只有了解掌握身心健康知识，才能真正感受到生命幸福的高质量品质。保证生命健康最重要的是尊重生命的节律性，我们许多人的旧观念现在已过时，面对现实如果不能改变自己的思维，就会出现烦躁等不良的心理状态。我们要用爱心、耐心、责任心对待亲人、朋友及社会。从生理学来讲，人类正常寿命是成长期的 5 倍，大约 120 岁，而心脏可以存活 150 年。但现实生活中，由于缺少心灵交流、精神慰藉，会出现许多个人、家庭和社会问题，而且大家对如何防治身心疾病的认识不够到位。

中医药学是人类医学的精髓。中医是站在宇宙的角度看待人体，通过阴阳五行学说演变而提出了天人合一养生观。圆融是人心灵意识统一的心情能量。人体是一个整体，由脏腑、经络、气血、皮肤、肌肉、筋骨所组成。血液是运行于脉道中的赤色液态物质。气为血之帅，血为气之母。心是内因神的灵魂，心主血，益智宁神，心情与血液相互作用的功能最重要，心情舒畅，静心平衡，人体健康。

静心让我们领略生命中最美的风景。人类每天拼搏努力都是为了活好这一生。生活中有效地调整好脏腑功能，经络气血，身心才会健康。静是修行智慧的心，调整顺畅能防治七情内伤，耗伤心血。肝血、肾精为命门，肝肾受损会造成阴阳失衡。

我国当代著名中医学家关幼波曾说："为医者要有云水风度、松柏精神、眼界开阔、胸襟宽大、坚忍不拔的人生境界。"上医治未病，医者不能胡说八道，要淡泊名利，相对"名"医，明医德，明医理，明方药，明药理，能治病救命的"明"医更是患者之福。

哲学思维决定命运。我认为人体就是一个矛盾体，讲究心理卫生，养成健康习惯，是现代健康人一生最重要的准则。人都没有来生，心理情绪、生活习惯要靠自己调整，否则会严重影响药效。

2017年5月12日北方长城防治心脑血管疾病最新医学动向表明：人类大约60%的疾病在于自己，17%是环境污染，12%受他人影响，11%是滥用药物。据国内外有关文献报道：在临床住院患者中，滥用药物的不良反应达到20%~25%，药物的毒副作用、致死率已高达28%以上。说到底，人生要么健康快乐地活，要么生病痛苦挣扎，大权在自己手中。

人的健康最重要。人的一生往往都是年轻时不珍惜健康，拼命赚钱，而到老时花钱却买不来生命健康。如果每个人能早认识到健康是生命最大的精神与物质财富，能够早一点把身心健康放到第一位，才是世上最聪明的人。不要等到大病刚好，才觉得活着真好，健康重要；不要等到命悬一线，生无助、死迅速，自己与家人无法挽回生命被死神缠绕时，才懂得生命珍贵，重视属于自己的生命健康。

医学无止境，心底无私天地广，用心治病而致远。医学专家曾预言：从现在开始，没有任何一种灾难能像心理危机那样给人们带来持续而深刻的痛苦。随着社会竞争压力的愈加严重，给人们带来的心理问题也会越来越多，由此引发的各类精神心理疾患将比生理性疾病还要多。

每个人必须高度重视，从我做起，养成良好的心态与良好的生活习惯，真正懂得小病重在调养，大病重在预防，特病重在治疗的原则。应该积极做好预防工作，尽量减少或避免心理与生理疾病的发生与发展给我们带来潜在危险及难以预测的各种不良后果。用老百姓的话讲就是"人活着就是活心情"。心情不好，拼死拼活累了一辈子，一场大病人财两空。

久病成医，久医成精。人类的健康是医者的责任，国家的重托，让我们前仆后继，勇往直前。这个世上除了生命健康幸福，没有理由让你迷失自己。各种残酷的现实生活让我感悟、体验出真知，让我真正认识到，"偏执"是人类在生活中所犯的最大错误，也是造成人与人之间个体心理上的"冰山""死穴"，生理上的"毒血""雷区"的根本原因。

我认为，医生与患者应该是朋友，共同救死扶伤、与死神抢人。关爱、救治好患者的心愿，是作为医者的终生信仰，如同感受阳光照耀一样。医生的工作是神圣的，看到许多患者通过学习心理学静心平衡、智慧思维产生的能量获得康复，是我们医务人员内心最高兴的事。

现代医学研究证明，心理活动是高级神经中枢支配的一项特殊活动，它对人体的身心健康起着重要作用，也是自我心理保健的重要环节。当人的心理状态不好时，各种疾病也会随之产生，如伤心痛苦、悲伤、忧郁及焦虑等情绪的出现，将通过神经系统引起相应的生理变化，导致精神心理及心理生理方面疾病的发生与恶化。

中医学强调"喜、怒、忧、思、悲、恐、惊"七情的致病机理，主要在于心主的"神志"。"喜伤心、怒伤肝、忧伤肺、思伤脾、悲伤身、恐伤肾、惊伤神"是中医学理论实践的精华。如果医者不能及时诊治疾病、安全用药，就会让患者失去健康幸福，甚至失去最宝贵的生命。

改变错误的思维方式，幸福就会离你更近。人活着就是生活，就是幸福的。现实生活中，我们每一天都要面临各种竞争、温饱生活与生活节奏问题、学习就业问题、恋爱婚姻问题、子女教育问题、家庭纠葛问题等。诸如金钱诱惑、权力地位、收入分配等是否符合内心要求，吸毒卖淫、灯红酒绿、腐化奢侈等各种欲望现象，都会引起我们心理上的重视，同时也会造成巨大的精神心理压力，使我们感受活得很辛苦、特别累的感觉。

高尚智者与浅薄庸人，最大的区别在于是否拥有一颗清澈透明，能看穿一切的雄心。拼搏过程中的惨痛教训让我深刻认识到，思维是强者宽恕自救，改变命运的阳光；遇事偏执到极端，身心也会同样受摧残。哲学是自然知识与社会知识的概括与总结，思维是强者在逆境中宽恕自救的阳光。成功运用心理开心学问，就等于用心理知识弄懂了哲学生存过程，让生命茁壮成长，在有限的生命中适应各种生存环境的变化。

喜忧由心起，聪明之人是战胜别人的人；智慧之人是能够战胜自己的人。人生最宝贵的就是永远有一颗平静如水，遇事永无困惑的心。每个人都要铭记，生命时光短暂，首先要为自己而活，更要懂得世上任何人都可以抛弃你，但无论何时你都不能抛弃自己。

恪守职业道德规范，传播正能量以及科学保健知识，是我们医务工作者的神圣天职。作者用生命体会用心写书，才能带给读者巨大的精神心理、心理生理方面的健康财富与幸福生活。美好的人生靠思维出灵感，而灵感又出自生活积累的精华，人类不能在生存环境中进取就会失去灵感，无法活好自己，从而丧失自我。生命中最重要的是精神快乐、身心健康与自由幸福。

健康所系，生命所托。为人类生命健康贡献自己的力量，用全科医药学的博大精深知识造福人类是我终生的心愿。当我每天看到患者因缺乏医药学知识自救而百病缠身、生不如死地惨遭精神心理压力困扰，看到他们的亲人向我们投来求救的迫切目光时，让我的心情非常压抑。

大爱无疆，大道有形。爱心内因"神"的医者灵魂，让我下决心用自身健康去潜心体验疾病的起因及其治则，来破译成功的生命密码，把人类身心健康幸福静心平衡的大智慧送到每个人的心坎上。相信自己，世界永远属于你，相信医学，用哲学思维适应生活，让有限的生命无限精彩。

第三节

常见心理问题 哀莫大于心死

透过心理现象，我们应该懂得，心理健康是建立在"动态平衡"的内稳定状态基础之上的反应。人体在情绪失控下就会产生各种各样的心理问题。这些心理问题，正如影随形地成为破坏人体的心理与生理健康的罪魁祸首。

人生很长，其实也很短暂。学好用好哲学思维，才会让我们的身体健康，心情愉悦，能够担负起生命责任。而虐心、被虐的心理伤害，是一种身心疲惫、接近崩溃边缘的挣扎。健康地活着，生命才有价值，而内心悲哀，颓废死去将失去

一切意义。

常见的心理问题，是内心纠结、自虐失态的痛苦表现。这些都是从平时不太注意的神经官能症状的苦闷、焦虑、抑郁演变，而产生的险象环生后果。常见心理问题的具体表现主要在于以下几个方面。

（一）心理缺少爱心与激情

主要表现为遇人、遇事情绪波动较大。这类人平时心里缺少阳光，总爱较真、斗气、钻牛角尖，因此特别容易产生情绪低落现象。情绪差异会造成情感失落的抑郁症，对平时非常喜欢的人与事也不感兴趣、麻木不仁。或者当为理想幸福拼搏过程中遇到一定困难时，会打退堂鼓，造成拼搏无激情，使自信心下降，自我评价过低。有这种心理问题的人，时常在心里总琢磨不可能发生的后果，并经常会产生各种轻生念头及出现不正常的举止言行。

（二）心绪烦躁、坐卧不安

这类人在巨大的心理与生理压迫下，常出现健忘症、强迫性疑虑、重复性言语和动作。如反复检查已完成的工作，很怕出错，长时间洗手，反复想不良事件的后果，反复找相反意见或几件没意义的事，明知没有必要却非常担心的人与事，这种情况下大脑被思维的形而上学片面观所左右，所以这时难以控制自己的言行，而表现为"六神无主"（眼、耳、鼻、舌、身、意）的状态。

（三）精神恐惧心发慌

平时自我压力大的人总是遇事想不开，经常担心后果，内心封闭，不听劝解，遇事固执偏激。这些难以自我控制情绪的人，是极易产生不良心理与生理问题的人。如注意力分散，极易在工作或生活中出现各种差错事故；对工作或学习应付了事，常感到学习困难，工作吃力，对生活无情趣，出现胸闷、气短、心慌，怕冷怕热，身体虚弱后出现精神恍惚、健忘、不想饮食、体虚无力、出虚汗、四肢冰凉等症状。

（四）心事重重，忐忑不安，睡眠差

心事重重往往是因为偏执于某一件事，着急上火而出现内心争斗不休的现象。睡眠是生命的源泉，是人体最重要的解除疲劳的方式。长期不正常的睡眠会导致失眠，而失眠会导致身心疲惫，失眠（入睡难、早醒）经常会出现不明原因的头晕目眩、头痛、背痛、肢体麻木、身体疼痛、易疲劳、食欲减退、腹部胀痛、体重增加，无论怎么休息也不能缓解心情差、欲望低的心理痛苦现象，这种复杂的自虐心情，总让自己整天提心吊胆，总感觉生活行走在精神心理与心理生理崩溃的边缘。

（五）心魔纠缠、狂妄无忌

这是一种严重的自虐狂表现，在他们身上遇事无法做出正确的思维，经常做出极端虐心的事。这类处在心理崩溃边缘的人往往都是心情极度苦闷，哀莫大于心死的人。表面高冷诡异，内心绝情痛苦，常出现躁狂行为，口无遮拦，出言不逊，总感觉有意外要发生的大祸临头、末日要来临的感觉。

心理绝望问题比较重的人，会时常感到压力无处不在，导致人体生理心理动态平衡紊乱，情绪失控后出现性格改变的心理与生理双向障碍，动不动就大发脾气，心情紧张，心跳节奏加快，脖子及后背僵硬，感觉像气球一样随时会爆炸，全身像被层层物品束缚一样，内心痛苦却无法解脱。

（六）心胸狭窄自闭症

这种人是被心理问题压得抬不起头的人，大脑会偶尔突然出现一片空白，感受不到心理阳光，久而久之心理便失去阳光。说到底是人们心理在受到致命摧残后，深度绝望会常想起让自己闹心痛苦的往事；常怀疑自己得了绝症，无可救治；常能听到或看到异常声音或景象；常有古怪或荒谬的想法，且无法通过实践证明。表现为对生死无所谓，说话尖酸刻薄、充满火药味，这类患者往往是从小内心就被伤害透了，成为"六根清净"无情的苦命人。

哀莫大于心死。这种患者情绪低落时总恐惧到人多拥挤的场所，以及特殊刺

激的声音，有时会在内心深处产生对痛苦往事不能自拔的濒死感，情绪反复无常，将要发疯，甚至从内心产生死不后悔的妄想怪异死亡行为。我们需要对他们大度，并理解、宽恕这些不幸的人。

心不宽容就是苦。从医学心理学的角度来讲，大脑是心理的器官，心理是大脑的功能。当一个人心理出现问题，操心太多，压力过大而难以承受时，会直接传导到大脑的神经指挥系统，而神经系统会迅速做出反应，破坏所控制的精神心理，产生精神心理问题疾病，破坏所控制的心理生理系统，从而产生生理病症。

理智驾驭思维 避免内心痛苦产生

人生痛苦的核心，是不能用正确的思维驾驭自己。时刻保护好内心最重要，那些平时性格内向，已形成焦虑抑郁的人；平时谨小慎微，不爱说话逗趣，精神萎靡不振的人；或者是那些性格怪异，好抢着说话，脾气暴躁的人；特别是那些无任何爱好，不爱合群，常与他人闹意见，好疑神疑鬼，总闹不和谐的人，基本上都属于理智不能驾驭思维的患者。

著名作家萨特曾说过"他人似地狱"。我们每个人都要把生命思维意识融入现实生活中去，改变不了别人就要改变自己。要记住，世上什么人都有，要换位思考理解所有人。要懂得善良的人无恶意，恶意的人无善心。生活中有不良心态的人无处不在，切莫与其纠缠，要铭记少点苦闷少心痛，多点谅解心就宽。

累过方知闲，苦过方知甜。在现实生活中，内心痛苦的表现是非常复杂且多种多样的，特别是在至爱亲人之间经常会出现这样的现象。当我们发现了自身心理痛苦时，就应当及时找出产生的原因，及时防治。

好言一句三春暖，恶语半句令心寒。人生繁杂，亲人朋友之间的争斗是产生心理与生理疾病的重要原因。亲人是密不可分的整体，人人都要学会换位思考，从对方的心理需求出发帮助解决问题，而不是以自己的心理需求去要求对方如何改变。亲人朋友间的无休止争斗，似刀切活剥一样让彼此心碎。不懂别人家的是非，就不要插手解决，相反会火上浇油，让矛盾更加激化，让亲人之间更加痛苦。

正常人能理解心理疾病患者的内心苦楚，但心理疾病的患者遇事却是茫然想不开的。如视钱如命的人很多，钱是为人生健康幸福服务的，钱少我们可以慢慢赚，生命健康一旦失去，那是花多少钱也买不来的。经济拮据，心理痛苦加重时身体健康会急转直下，即危害自身生命健康，也危害他人与社会的幸福生活。

庸人不懂高尚者的心，真正的坚强是靠自己救自己。我们要真正用哲学思维活出自己的风采，永远记住世上只有健康的生命是自己唯一的财富，时刻要用包容的心态宽恕一切不对与自己的失误，这样就会让阳光心情抚平各种各样的内心创伤。善为本，和为贵，诚为先，内心坚强地活在现实环境中，不给自己的生命留下任何痛苦的遗憾。

"庸人自扰"，是不会理智驾驭思维的突出表现。例如，一位女士在婚后与丈夫情感不合，如同两个世界来的陌生人，她从没体验过丈夫耐心的真爱，而当她在视频上看到外地的儿子对儿媳特别好，甚至连衣服也洗时，她受不了了，认为孩子是有病的表现。家长如何以身作则，用爱心培养孩子的心灵，是孩子未来幸福的关键。孩子成家后，都是属于有独立性格会生存的成人了，按道理儿子夫妻恩爱是多么幸福的好事，而她却要横加干涉，一有时间就批评指责儿子，对儿子的大事小事她都要说了算，也不懂得会给孩子的内心带来多少烦恼痛苦。她的心理就像"断层裂痕"般一样发疯，按捺不住心中痛苦的怒火，迅速引火烧身也伤害他人。

静心懂得宽容。其实这位母亲犯的正是不懂生命情感，理智驾驭思维，而滋生严重的自虐心理不良应激反应，这样既害自己，也害他人。人生不容易，不要与不懂你且伤害你的人在一起生活，才是最幸福的选择。

天道自在人心。人生不要因善小而不为，因恶小而为之。人的整体素质决定这个人的生命走向。要用心避免内心产生痛苦，就要摆正心态，静心理智地驾驭思维。

以上的心理危害现象很普遍，要坚决彻底改正危害自身与他人身心健康的神经官能症反应。这类现象是可以通过学习心理学知识，脱胎换骨地控制情绪而改变的，个别心理思维偏执严重的患者，也可通过找心理医生咨询疏导来解开自虐与被虐的心理痛苦。

生命的乱就是乱心。心理痛苦反应与精神系统的疾病——"精神病"，是两种完全不同性质的病症，精神病患者无法控制自己的言行，仅占 1.3% 左右。每个人都有"喜、怒、忧、思、悲、恐、惊"的七情表现，个体生命出现暂时的心理痛苦症状不可怕，可怕的是不能及时纠正思维偏差，继续恶性发展至崩溃的精神分裂症状态。

这个世上，什么也没有身心健康快乐重要，不及时改变心理思维痛苦反应的代价，就是在生不如死的痛苦中无奈地挣扎。昨天已回不去，明天依然难测，谁都有失误，要找个理由把它忘掉。心理怒火易引发身心俱焚的后果，而这个纵火者不是别人，正是你自己，它超过任何对手与环境的伤害。

健康是神圣的存在，"六根清净"，现在称"出离心"，是内心情感世界被伤害透底的一种反应。人体的神经系统是大脑的指挥系统，它会时刻受到各种心理隐患的影响。而人体的心理与生理又互为表里，疾病同源互生。心理想不开，生理出病症，生理有疾病，心理受牵连。

这个世上，是永远没有卖后悔药的。没有不进步的人生，只有不学习改变的人。不少让人痛心疾首的悲哀往事，就是自己明知是错，但知错不改，不去思考后果，偏执去做。

知识改变命运。一个人的钱再多也买不到健康，买不来生命。面对自身已有的心理思维现象，选择最重要，要么健康快乐地活，要么生病痛苦地挣扎。我们要学做内心阳光的人，不沉溺幻想，更不庸人自扰，真正享受阳光带来的温馨幸福。

理智驾驭思维，勇敢走自己的路。人生有许多难以预测的坎坷，走路靠自己，成长靠学习，成功靠能量。在我们向着自己理想拼搏的过程中谁都会有失误，经常看书学习，给内心增加氧气，打开生命健康幸福的清泉，经常做自己喜欢的事，心里才会感受阳光般的幸福。

人生是一个追求内心自由的幸福过程。当我们在为理想拼搏出现巨大压力时，要学会与亲人共同分担压力。创业过程往往不被任何人看好、理解，此时内心会陷入孤独状态，亲人朋友不离不弃的心理支撑，与理解我们的人交流心得，会让我们压力锐减，从而不会让内心处于痛苦挣扎之中。

世界上最美的事，不是留住时光，而是留住美好的回忆，但愿真善美的时光如初见。我们要时刻用哲学思维判断是非，宽恕形形色色的人与事，以及生存环境给自己带来的无情伤害，用理智驾驭思维，飘移般避免内心痛苦的险象环生后果，给自己保持健康宝贵的生命。

第五节

打开生命枷锁 用归因法拯救自己

生命是一种责任，特珍贵，太脆弱，失去健康生命将失去一切。而人类丧失生命的根本原因，则来自心理枷锁积累成的"疙瘩""冰山"，与心理情绪紊乱长久累积而形成的生理"毒血""雷区"的疾病所造成。

读书与不读书，人的世界差别很大。每个人都要学好心理健康知识，改正不良心理与生理习惯，谨言慎行地对待与自己有关的人与事，避免滋生心理枷锁困惑，用各种智慧思维来解救自己。

解除心理枷锁，在于正确理解失望的归因。从希望到失望，再到绝望，有一个对拼搏不成功的归因过程，就是如何解释自己的失败原因，以减轻造成内心伤害的痛苦。

拼搏过程中出现的不良心态要靠自己解脱。许多的人在干一项事业之初是一种冲动，当时并不了解自己的各种能力，往往是过高地估计了自己的实力，不现实地把成功看成相当简单的事。结果是欲望越高，心理问题越多，最后产生的希望越大，失望也越重，绝望越深，产生不能自拔的后果。

著名心理学家海德得出了著名的归因理论。该理论有两个要点，其一，归因是指向内部还是外部，如果指向内部，就是将原因归结在自己身上，属于"内控制型"。比如自己不是"富二代"没有钱，也不是"官二代"没权势，因自己财富有限，所以在许多想要办的事中受限制，或认为"自己的能力有限，根本不行""我的年龄太大了""我没有准备好""没有胆量，更没有经商头脑"。另一种则是将原因归结在客观环境上和他人身上，是"外控制型"归因。比如"都怪老师出的题太难""领导偏心，总看不上我"等。

其二，归因是可以控制的还是不可控制的。如果认为原因是自己可以控制和改变的，那么个体就不容易产生过多的负面情绪。每个人的命运要靠自己把握，心理不健康的问题，要通过学习心理健康与情感调控来调整自己的情绪压力。

净心是最好的知己。人的智商、情商、逆商同等重要，在面对生存及事业大事上的绝境考验上，逆商高的人有明显优势。比如一个高中生高考落榜，如果他认为是病情耽误了复习，那么他就不至于绝望，而满怀信心选择复读。如果他认为归因是无法控制的，那么他的内心绝望感就深重而难以自拔。

例如另外一个落榜学生，他认为自己很笨、智商低，高考失利的阴影就难以消除。任何事情的成功，不仅取决于自身百倍的努力，外界的环境、机遇、运气也有很大作用。能够客观地分清内因和外因是否可以控制，是一个人心理是否成长健康、心智是否成熟的重要表现。

这个世上，人在做，天在看，不是强者能生存，而是能健康快乐生存下去的人，才是强者。心理不健康的天敌不是别人，正是你自己，它比任何外界因素的危害都严重。

泰戈尔说过，"错过太阳时，你在哭泣，那么你也会错过星星"。在生活中抗争后，哪怕满身疮痍也要把无奈沉入心底，这正是心理健康者快乐生活的哲理标准。仿佛就是一眨眼，人生已过半。前方是向往的将来，回首是昨天的记忆，而今天就在我们脚下。

心理脆弱，产生绝望。这个世上什么心态的人都有，怀着不良心态生活的人，只有自己知道活着有多累。面对心理情绪枷锁要及时打开。

一位心理专家讲过，一名学生经过多年的刻苦努力学习，好不容易考上了一所名校的博士，投奔在一位院士的门下，这让他兴奋不已。

随着学业的深入复杂，他逐渐感到吃不消了，英文水平欠佳的他，对导师指定的阅读大量外文文献感到头痛，动物实验的数据不理想，导师频频催促他快点写出实验论文报告，家人也希望他能如期毕业，早点挣钱养家糊口，改变穷困现状，这些都令他心理压力非常大。

当人体劳累过度压力过大时，心的灵魂"神"就会迷失方向。而此时压力在他身上如同大山一样压得他喘不过气来。多次实验失败后，他心里出现了想不开的绝望心理"死穴"。从此对自己的学术能力非常悲观，经常跟同学哀叹："自己太失败，不该来读这个博士！"终于有一天，他没有用静心思维取舍，被自己的绝望情绪带到了心理崩溃的死亡边缘，极其痛苦地选择跳楼来解脱自己。

自杀是一种极其脆弱的心理防卫方式。他的做法令人惋惜，他的死被大家普遍关注，也唤醒了其他人的思考。如何才能找准自己的位置，换一种工作方式来摆脱绝望，让自己用能力让生活过得更加美好。生活不是梦境，很残酷，很多情况下，我们的希望只是希望，并不能按自己的想法一一实现。

心理学指出，人生十有八九不如意，是一个七灾八难的生存过程。读博不行，我们换个思维，干我们力所能及的事，总之活着才有希望。自杀是一种内心极其脆弱、自私无情的逃避心理，这样死去会让自己死不瞑目，也会让亲人朋友有痛不欲生的伤心感觉。

其实，在不开心时刻想开心如意的事，内心就会知足快乐。在大多数情况下，我们抱着希望而不懈努力，结果收获的却是深深的失望。有人坚强地站起，挺过了生命的灰暗期；有的人则在希望破灭后，在巨大的失望面前一蹶不振，甚至通过结束生命来抗拒生命的挫折。

人生没有雄心意志力，不可能成功创业。显然能够顶住生活巨大压力的人更让敬佩，我们应该从他们身上找到调节心理状态的方法，打开生命枷锁，用归因法让内心解脱，让生命在阳光下，健康快乐，幸福徜徉。

心里有阳光　才能战胜恐惧绝望

　　心中有阳光，生命才幸福。生命如大海，自己不扬帆别人无法帮你。在现实生活中，每个人的内心都像大海一样汹涌澎湃，想要成功幸福，就要经受痛苦煎熬，应当用信念如钢的意志突破自我。成功幸福需要无与伦比的静心能量，更需要视己如神的勇敢与战胜一切的唯美心情。

　　健康是精神心理"神"的能量。"要么赶紧去死，要么精彩地活"，这是一位失去双臂，坚强的刘伟发出震撼心灵的惊天呐喊。刘伟的惊人意志力，是所有人

都要学习的榜样，四肢健全正常人做不到的事，刘伟也能做到最好。

我从心底敬仰刘伟的意志力，他那种坚韧不屈，用超人生命意志力攀登生命巅峰的励志言行，是给所有心理绝望的人上的必修课，我认为刘伟脚下弹奏出的是人类生命过程中心理健康的最强音。在刘伟心理健康的阳光下，自己是乌鸦，还是凤凰一目了然。

你怎样对待你的身体，身体就会怎样对待你。自己心理有阳光，才能承受各种压力，及时摆脱疾病痛苦。强者自刚，战胜恐惧绝望，是人类一种与生俱来和拼搏磨砺出来的顽强精神意志上的力度。生命中你若不能付出别人没有的力度，你就收获不到别人能得到的一切。成功幸福永远是给予那些在极端逆境下心智成熟敢拼到底人们的最好奖赏。

净心坦然，阳光普照。生命对任何人来说都只有一次，没有来生，是人生的最大责任。只有自己在心理阴影出现后，懂自己的心病原因，及时用心理学阳光智慧战胜绝望心态，及时解开心理阴影疙瘩，或找心理医生及时排除，这样才会获得生命幸福的重生阳光。

我认为，天堂与地狱只是一线之差，那就是人间。遇事心理健康想开了上天堂，心理问题解不开，心理生理产生恐惧绝望思维，同样受疾病煎熬而下地狱。每个人只有学好心理保健知识，才能在数次天堂到地狱的摔打中，身心依然健康快乐，同时更加深刻地感悟人生美好，更加睿智地掌控命运。

这个世上，生命是最珍贵、最脆弱的，人生只要有健康的生命在，就有希望实现自己心中的最大梦想。刘德华曾说："人在高处是低处修炼的结果。"世上任何伟大成功都是来之不易的，都是要经历过痛彻心扉的各种磨难才能获得的。

勇敢坚强面对，坚决改正自虐心理危害，是当代人应具备的高尚意志品德。现在有多数人对心理疾病都存在错误认识，有的人会产生过分害怕和自卑与恐惧，还有的人认为自己如果有了心病会让人瞧不起，让别人产生厌恶感。

这种不正确的心理心态积累，形成压力的大山，会造成一生都难以挽回的恶劣后果。

心理疾病需要心理认识过程，通过环境与时间的改变，才能解救自己。任何人对心理伤害也不要过分地产生自卑的恐惧心理，虽然造成心理问题的原因多种多样，需要心理认识过程、时间与环境的改变才能治疗。每个人能真正了解自己，关爱他人，多学心理健康的书，多用对症有效的心理疗法治疗，或找心理医生治疗，就会获得阳光思维，适应各种环境过上幸福生活。

生命知己，就是静心。对于心理疾病越早防治越好，心理疾病主要产生于家庭及社会生活交际的过程中。当我们掌握了产生正确的心理现象的基础，就会在遇到各种压力伤害时，选择正确的心理健康思维与言行，从根本上预防与治疗各种心理疾病的发生与发展，从而获得真正符合自己的心理健康的标准。

沟通理解关爱，理解和谐健康。心理健康的标准及命运把握不在别人，正是你自己。我们每个人都要做命运的主人，在人生拼搏中，当心理阴影症结疾病产生时就及时防治，否则心理阴影就会像砖头一样、一块又一块地在心里积累，让心理透不进阳光，像惊弓之鸟一样魂不守舍，整天提心吊胆地在恐惧绝望中徘徊。

用心理学的阳光思维唤醒自己，要懂得这个世上只有自己能救自己，才能改变自己的言行，让心理平静，为生命注入清新氧气。否则，当心理枷锁累积过多阴影后，会形成一堵墙式的屏障，会造成内心封闭，失去阳光心理，产生与他人无法合作，恐惧绝望不离其身，不听任何劝解与开导的严重精神类疾患，从而引发严重的心脑血管疾病，随时会葬送自己最宝贵的健康财富及珍贵的生命。

李嘉诚曾说："学习改变命运。"只有学习和策略才是成功的核心观念。比尔盖茨和巴菲特说过，他们的成功来自于终生学习。经常充电学习，会让自己幸福一辈子。知识和智慧不同，智慧是世间万物的真相和客观存在，而智慧是智慧者的探索精华，它是将知识融合，综合总结出来的最佳方案。好书开启每个人的智慧，照亮生命中的困惑与美好前程。

静心平衡，生命阳光。人生中，虽然不能指望谁都给你阳光，但回忆中有那么多人和事让你感动和感恩。我们要时刻珍惜身边人、身边情，当遇到巨大压力困难时，就要学用静心平衡的稳定心态，坦然面对的心态适应各种生存环境。

生命中因为有爱，才会有疯狂创业的拼搏。人生最高的情商是满怀感恩去创造，让亲人幸福，让世界充满爱。经历是心路思维的探索成长，拥有好思维传播正能量。道德是做人的基础，智慧是通过认真学习才会产生的，但智慧填补不了道德的空白。

修正不良信念　让爱心成为社会责任

　　从精神心理学的角度来讲，不良信念指的是，在现实生活中虚幻的"思维绝对化"错误认识。社会上有许多人，从内心深处总感觉对每件或某种事件的要求是"必须的"，那是一种不切合实际的不良信念。我们之所以要完善心理健康，正是为了及时释放心理压力给精神思维上带来的混乱，从而达到心理平衡的目的。

　　关爱每个人的心理成长，缔造无数美好人生是医者的社会责任。职责道德是社会道德重要的组成部分，不论哪种职业都具有责、权、利的社会性质和地位要求。用充满爱的职业言行去对待工作，是医者自身、集体与社会关系的核心职业道德规范准则中最有分量的。关爱患者还是欺骗患者，是医者医德修养、人品良心的具体体现。

精医博爱。现在全社会都在呼唤心理安抚、精神安抚，让世界充满爱，让人类静心平衡地生活，会使社会更和谐。引导心理问题接近崩溃的人，走向理性平和的状态，这是我们每个人、每一位医务工作者，特别是精神心理医生应当共同承担起的天职。医务工作者的职责是神圣的，是患者把生命健康都交给医生的重托，更是医者一生奉献、责无旁贷、义不容辞的责任。医生坚持奉献，才有生命的健康，国家的强盛。

每个人都是以"个体"为单位在现实社会中生存，但每个生命都不是单独存在的，都需要他人的关心与帮助。医生关爱患者的一句话，等于给患者做了一次心理按摩。医生对患者多说几句宽慰话，患者的内心就会充满被关爱的温馨与幸福。

医者天下父母心。让患者内心产生无穷无尽，战胜疾病的信心，达到一定的治疗效果，把患者当亲人，为患者减轻精神心理、心理生理的负担，疾病痛苦，不计较个人得失，是最有良知医者所为。

静心平衡减压。生命是一个繁杂生存过程，所以难免在生活中遇到这样或那样的心理压力，面对现实环境，有的是非正常精神心理反应，而只有弄明白这些问题的本质，才能有针对性地修正不良信念，祛除各种困扰内心的压力烦恼。

修正不良信念的做法是：

1. 找准人生位置：从小树立远大的人生目标，人生最重要的是把自己爱干的、能干好的事干成功。而越是艰险越前进，静心思维，找准方向，超越自我的弱点就有可能成功。

2. 自寻其乐：保持微笑自信，克服孤独无助的忧虑心理，把一切看开放下，笑对生活，调整情绪。行事谨慎，慎言慎行地适应社会生活，不论遇到什么事都要往好处想，保持情绪乐观稳定，保持人际关系和谐。

3. 正确对待财富：要明白钱并不是全能的。钱是身外之物，钱再多也买不来健康快乐，卖不掉令内心绝望的疾病。有钱后享受高质量的生活也是对自己付出努力的奖赏与回报，但更多的应该是为社会贡献财富，让人类生活更加丰富多彩。人生过于贪婪，会自毁前程，像一只飞翔的鸟，由于翅膀上挂上了金，就永远也飞不起来了。

4. 静心平衡：要坚信，不管世上有多大困难让你解决，都是对你的信任；而任何代价的付出都会有回报。我们要以安宁平和的内心去体验生活，并与他人分享内心的快乐情趣。与他人合作，乐于帮助他人，同情弱者，用爱心和社会责任心，去帮助需要帮助的人共同走向成功幸福。

从精神卫生学方面，压力是与生俱来的，随着年龄的增长影响也会越来越大，越来越难以调整。人体压力汇聚会变成大气球，而阻碍正常生命的新陈代谢，这样会严重地影响心理与生理平衡，从而破坏身心健康，甚至随时会有丧失宝贵生命的危险。所以每个人要在平时生活中，及时认清压力根源，释放各种压力，有效避免各种让影响生命健康的严重错误，避免"气球爆炸"事件的发生。

从心理学角度分析，人体压力主要来自以下几个方面：

1. 经济问题：如养儿育女、买房购车，上学花销，家中必要的各种开销等现实情况。

2. 学习与就业问题：如自己总挖空心思考虑所学专业能否学以致用，很想有一份心甘情愿的好工作，有稳定的收入让自己满意、让生活有滋有味，更有精彩。

3. 对奉献与收入的不满足。如自我付出与自己所获权、钱、物的分配不能理解。拼搏中总想自己能获得什么，不想为社会贡献了什么等各种自私的不良价值观念。

4. 家庭内部纠纷问题：如亲人之间势不两立，不能和谐共存等问题，人生态度、世界观不同。人生最深刻的孤独，则产生于亲人或朋友之间互不关心的冷漠无情与言行争斗现象。

5. 恋爱与婚姻问题：如爱情是两情相悦的生活，会愉悦自己的人，才会愉悦别人。婚姻无爱百事哀，婚姻是否幸福长久，取决于两个人成长环境中的三观是否一致，是否理解爱人的所作所为，是否懂得爱的真谛。婚姻是人生大事，等于第二次投胎。有的人给了我们婚姻，却没给我们爱情。有的人给了爱情，却没给予婚姻。有的人看红尘如灰，恋爱不如自爱，爱上孤独的灵魂，成为大门不出，二门不进的男女。看到他人婚姻不幸后，担心自己婚后是否长久幸福等。

6. 外界各种诱惑：如吃、喝、玩、乐、吸毒卖淫、灯红酒绿的奢侈腐化生活等现象，让心理产生不平衡情绪，或坚守信仰做好自己，或追求虚荣，内心坠落，参与各种违法乱纪活动。

7. 家长对孩子的教育问题：如对于子女溺爱、过度保护，孩子产生自私、无情的心理；孩子未来朝什么方向发展，如何用自身最大能量，为孩子、为亲人创造必要的生活条件等想法。

从精神心理学角度，解除各种压力与不良信念、困惑的关键在于精神心理健康，顽强的拼搏意志和顺其自然的良好心态。"股神"巴菲特曾说过这样的感言："人生不能什么都懂，但要把你最懂的事干成功最重要。"这是对人生成功高瞻远瞩的提示。

专业知识、高尚品质是任何人也夺不走的财富。人生短暂，谁一生也不能把世界万物都弄明白，但你对所学专业非常了解，在这方面又有实践经验，就要把它学以致用并发扬光大，这样才会让你达到生命的最高境界。

风雨之后的彩虹是倔强的美丽，就像脆弱之后，坚强是成功的唯一。一个人要想成功创业，就要有自知之明的心态，人生追求的结果难以预测，但全身心付出追求过就应该无怨无悔，就要用信仰中的爱心不断在拼搏中进步成长，这样才能把有能力干好的事业干成功。

心怀苍生产生价值，大爱于心信念更美。人活着，有爱心才会感觉幸福，才会让信念在拼搏成功后更加完美。用充满爱心的言行帮助弱者，这样你的心里也会同样感到幸福。如比尔·盖茨最大的成功，就是在为社会创造财富的同时，也安置了很多人的就业，让他们过上了幸福生活，吃、穿、住无忧。

胸怀大爱的人，才会有大成功。比尔·盖茨曾说："我的财富是大家创造，社会给予，我只留千万即可，一切都够用。我要把钱返还给让我成功的社会，返还给那些参与创造的人们，返还给那些无依无靠需要帮助的人。"他是这样说的，更是这样做的。他曾多次大额捐款给社会福利机构，他一直支持慈善事业，他的爱心将成为后来者们学习的最好榜样。

第八节

崇高的信念　汇聚产生正能量

　　圆融是每个人内心的渴望，我们深信人类集体意识思维中只有一个共同的心灵，那就是超越自我的欲望，凡事在静心平衡中相互依存，你中有我，我中有你，汇聚产生正能量，让崇高的意识信念合一，共同缔造一个圆满的境界。

　　崇高的信念让我们无怨无悔。每个人的生命都只有一回，没有来生，都渴望事业成功，生活幸福。带着良好信念拼搏的人，就能在执着奋斗中学会顽强，学会坦然面对已发生和未发生的各种挫折，及时理智应对各种危言伤害及处境变化，运用科学知识中的哲学思维，让自己在极端逆境下将内心解脱出来。

　　人生在知足与醒悟中提高成功信念，会提高自身及对社会的价值。心智高的人，会让自己在无数挫折面前变得更加坚强、智慧与成熟，通过不断学习充电，跟上时代发展节奏，执行力强硬，有百折不挠的毅力，更加有信心去超越自身的弱点与不足，用爱心坚定信心，鼓足勇气，充满斗志，让生命中的爱心价值发扬光大。

世上没有不经历挫折而成功的生命。人生是一个繁杂而艰辛的生存过程，拼搏的逆境挫折，会时刻在现实的生活实践中出现，但这绝不能动摇我们发自内心的愿望，我们只有在拼搏中保持清醒的心，才能发现最美好的自己，用崇高信仰舞动，为人类健康事业献身的良好社会责任信念。

正确的世界观就是良好信念的生命价值观。人生没有挫折就称不上完美的过程，没有挫折的人生也算不上是完美的经历。人生经历的挫折越多，才能激发深层生命信念的成长，才会拥有越成熟的意志力，才会感受到生命有形的感动，以及璀璨无比的正能量的产生。

我们每个人都要以积极的心态去面对未知的一切。所谓积极的心态，就是要对各种可能发生的变化做好充分的心理准备，如某种行为本来以美好的愿望出发却遭到许多人的不理解、不信任、不支持时，要用专业知识去维护心理健康，让拼搏的信仰，在生命健康的正能量中发展光大。

树高千尺不离根，花开百朵不离心。拼搏过程中有高估自己能力的情况，也有认识不到位的情况，特别是心理总想自己应该是"天才"的意念，干什么事都能得心应手。如我刚写书时认为是很轻松的事，结果不是这样。写书是呕心沥血的创作过程，倾注全部爱心，才能获得灵感。正如伟人说的那样："你若想成为人类的导师，首先就要当好人类的学生。"

崇高的信念是自信成功的基础保障。创业中不要失去自信，认为自身无能而被压力所困扰。英雄莫问出处，人生自古雄才磨难多，我们应当在拼搏中及时调整不正确的信念，有意识地充实各种知识以纠正不正确的信念意志，使自己能够经得起逆境的各种坎坷考验，产生更加顽强执着的决心，从而在发现理想与现实的巨大差距时不会失去自信，更不会感到绝望。

崇高的信念会让人内心稳定，无怨无悔。从精神心理学角度来讲，人生不容易，如意的事十有八九不能实现。这自然与我们设定的信念过高有关联，设定的成功目标越高，成功的机会越是微乎其微。所以我们要以顺其自然的和谐心态改变目标的高度，循序渐进地实现目标，决不要以高目标暂时达不到，而放弃对成功的追求。因此，能量散失是励志拼搏者在成功过程中，最可怕的虐心隐患。

用信念鼓舞梦想，实现人生幸福。没有不想追求成功幸福的个体，成大业者心强大，在拼搏中始终保持舍我其谁、天道酬勤与志在必得的雄心意志，遇难关冷静思考。我们要用理智把不良信念所产生的情绪转向积极的方面，以此来保持信念中的情绪稳定对心理平衡的正面影响。

人生之光，平静宽容的心。我们要以一颗善良无悔的感恩之心面对一切挫折，要时刻保持信念在心灵深处的完美，让信念在潜能中产生，在升华中延续，心胸豁达地面对逆境的残酷无情。静心，是超凡的幸福境界，是生命中的最美时光。

人生最大的财富是知识与知己。生命拼搏中的关键之处，只有靠自己救自己。当拼搏中出现重大失误时，要学会宽恕自己，要时刻保持斗志与好奇心，要用快乐幽默与自信来调整情绪，时刻养成内心无差别感的美好蓝图，不急于追求结果，也不强求结果，充分享受生命拼搏过程中的每一天，让内心深处永远处于安宁平和的平衡状态，适时释放压力，调整好情绪，让美好的信念最终实现。

苦难增长智慧，好心态需要知识。每个人最不能缺少的就是信念，人生自信、坚强、不后悔、向前看是成功的关键。我们相信人与人之间，人与社会之间，信念合一会产生正能量效应，创造者的信仰是勇敢面对失败挫折，坚决改正弯路出现的心理偏差，用智慧引导创业者身心健康地能量迸发。

我认为，创业瓶颈期最危险。创业瓶颈期是指内外压力聚积到人体承受极限的阶段，内心不强大，心情不平静，随时会出现精神崩溃，生理坍塌后果的阶段。面对这种危害生命健康，甚至生命危在旦夕时，就要理智坚决地放下急于完成的事业，天大地大，没有生命健康大。

留得青山在，不怕没柴烧。人生只要有生命在、健康在，才有希望汇聚能量重来。百折不屈的意志力及逆境中的自信，才是人生最靓丽的风景。只要你用内心强大挺住各种意想不到的伤害之后，用静心平衡的心态体会生命的意义，用哲学思维继续拼搏，才有可能获得一生中最想要的成功幸福。

崇高的信念，汇聚成正能量。塞翁失马是每个成功者，特别是创伟业人内心面对重大坎坷失败的自我安慰，也是面对各种逆境的坦然心态。而任何成功，都是拼搏者在经历过其他人所承受不了的心理与各种生理巨大压力打击下，准确找到心理想要的大爱，用执着无悔的稳定心态付出，这样才能收获一生中最想要得到的幸福。

屏蔽身心伤害　从主、客观上回避刺激

从精神心理学角度来讲，主观回避法指的是通过主观努力来强化人的本能的潜在机制，努力忘掉或压抑自己不愉快的经历。

在主观上实现兴奋中心的转移，注意力转移是最简便易行的一种主观回避法。也就是在痛苦愁闷的时候，集中注意力去干一件或几件让心情愉悦、有意义的事，自然而然地就回避了心理困境。

客观回避法，指的是有所为就必须有所不为，当人陷入心理困境时，最先也

是最容易采取的便是回避法。躲开、不接触导致心理困境的外部刺激。如"眼不见、耳不听、心不烦"，学会自我调理心理状态，注重以下几个方面。

（一）语言

当不良情绪的产生不可避免时，可通过自言自语及没话找话的各种倾诉来消除。特别是及时与家人、最知心的朋友交谈，把烦恼说出去，让他们帮你指导、分担，拯救改变你的不良情绪，正所谓精神疗法"说破无毒"。

（二）运动

通过运动放松心情，提高免疫力。运动能放空一切，让心静下来。运动能促进身心健康，新时代的人们更加注重运动，重视运动越早越好，运动是良医。有氧运动对人体是不可替代的药物。经常到户外活动是一种最好的调整心情的方法，空气中的氧气大约占60%左右，氯气占20%，二氧化碳只占2%左右。人体通过及时补充氧气，能达到从主、客上屏蔽各种伤害刺激的效果。特别是散步、跑步、骑车、郊游、游泳，劳动，或通过大声呼喊等方式，把不良情绪形成的心理压抑释放掉。

（三）小幅度活动

行动不方便，或不爱走出去的人，经常在屋内踱步有益于消化，促进新陈代谢。每天做30～50次收腹提肛动作，对全身健康都有益处。采用健脑，醒脑的玩手指法，人体十指连心，十指与大脑的关系密切，从各种健脑游戏中，就不难体会出经常活动手指还能起到提神醒脑的作用。从中医经络学角度看，因为手指的经络与大脑相连，所以常动手指，就会有刺激大脑神经，使大脑细胞活跃的作用，有助于排出烦恼。

（四）音乐

音乐是人类相通的情感语言，唱歌、跳舞能及时缓解内心压力，可以让人身心舒展，肌肉放松，唱歌可以让五脏六腑产生兴奋、愉悦的感觉，让大脑中枢神经系统兴奋，同时让心肌及血管得到舒缓、放松，常听音乐，能及时将不良情绪转化成为追求幸福的激情，看开、忘掉一切烦恼忧伤。

歌词如花香沁人心脾。苦闷害怕时唱歌，能给人带来愉悦的心情，这种正向的情绪会给人正能量，让心情放松，心率、呼吸得以调整到最佳状态，各种不良心理应激反应就会随之消失。

（五）减肥

物无美恶，过量为灾。肥胖是慢性疾病发生的基础，是早期微循环障碍的隐形杀手。要注重饮食文化，提倡清淡饮食，要懂得常吃辛辣的、油腻的、寒凉的食品对身体是有害的。水是对人体最好的药物，它可以稀释血液，增加体液，促进人体的新陈代谢。更要懂得肉食动物寿命短暂的科学道理。平时要吃少量爱吃的美食能减缓压力，增加活力，增强体能，适度补充能量，振奋精神，继续完成你追求的生活与事业。

（六）治疗

人生中成功都是建立在失败的基础上。当生活或拼搏中压力大，主、客观回避不了，一时想不开时，可找心理医生咨询、解答；也可适时适量用镇静药，如安定片镇静安神，平稳心肌，及时解除精神心理、心理生理的各种紧张症状。

（七）婚姻

婚姻幸福是人生最大幸福。生活中有缘无爱的婚姻很多，青年男女要用心读懂对方情怀，与懂自己的人生活才会开心快乐，面对一份无望恋情百事哀的深深困扰，要以一种大智大勇来实行主、客观回避，正如一首新歌词唱的那样"有一种爱叫放手"。这就是心明眼亮，最行之有效的心理回避妙法。

人与人之间矛盾主要产生于不懂得彼此的心境上，在你最需要理解帮助时，往往会出现最可靠的亲人、朋友不懂你的心，这也是让人痛彻心扉的遭遇。人际关系紧张僵化也在于此，懂得你的人不用说，不懂你的人怎么说也没用。

强者能战胜自己。人生孤独不可耻，但影响身心健康。在现实生活中，越是我们内心痛苦孤独无助时，越应该让心情处于平静状态，不被外界不良因素诱惑，造成更痛苦的心理伤害。否则会出现一失足成千苦恨，再想回头如登天的后果。

这个世上唯独骗不了的就是自己的心。夫妻之间一定因为特殊的缘分才能走到一起，共同享受两情相悦的幸福生活。珍惜这份情缘，会让彼此产生身心健康的特殊幸福。亲人、朋友之间应成为幸福健康的可靠臂膀，但由于三观不同，不懂彼此的心，许多人却成了自己身心健康幸福的绊脚石。夫妻之间永远拥有清静的心，才是人间最自由幸福的。

每个人生都想获得成功幸福，谁都不想成为生命中的过客。希望是生命中最强的力量，医生要真正懂得生命的宝贵与尊严，要用善良的情感为患者解除各种疾病。患者疾病痊愈的快乐，就是医者最大的欣慰。既然选择了这个职业，就要全力以赴救治患者。

因为我们深知生命的珍贵与美好，我们有职责承担开拓人类思维中的幸福梦想。用爱心连成翅膀，帮助患者用静心平衡的思维，屏蔽身心伤害，把生命健康放在第一位，托起人类生命健康幸福的太阳。

人生是一个学到老，活到老，改变到老的生存过程。生存中的压力往往来自内心急于求成的思维误区中。拼搏者应懂得静是人品智慧的心，学习用主、客观回避的心理机制，就能立竿见影地减轻拼搏中成功与失败的巨大心理负担，及时改变自己的错误思维及言行给自身带来的伤害，甚至致命打击。

掌控内心，能激发大脑深层智慧。成功绝不是耍嘴皮子，成功需要顶天立地的意志，需要自然平衡的心态，更需要知识底蕴的智慧。学以致用新知识，是新时代征程的智慧，坚持每天学习静心智慧，会成功收获健康幸福一辈子的美好心愿。

从医学心理学角度来讲，人体是一个开放性的调节系统，各系统不但相互联系产生影响，而且能够相互产生作用。在人体系统的每一层次中都有组织的完整系统，而从主、客观方面能动地反映各系统之间的性质与特征，每一个都有自身规律，细胞系统是组织、器官和人的成分。

世上没有任何东西是孤立存在的，人生要通过主、客观的回避方式，达到心理平衡的健康目的。人生如大海，汹涌澎湃，焦虑型障碍对许多经过巨大坎坷打击的人来讲，是普遍存在的心理问题。父母不和谐争吵会给儿女造成不幸的焦虑型障碍反应，许多子女都是因父母整日争吵而看破红尘，内心如灰，失去阳光心理，苦不堪言，更不想走入相爱的婚姻殿堂。

生活中也有个别极其自私的子女，不但不关心老人健康，而且啃得父母心神恍惚，特别令父母寒心痛苦的是，个别无教养的孩子，常用不理智的言行，让父母感受到心被掏空的无奈感觉。有一些表现暴躁阴冷、内心绝情诡异的人，经常做一些让正常人难以想象的怪事，上学时不好好学习，现在又怕吃苦，还想找最好工作，仿佛天上会为这种人掉馅饼。

医生是为人类解除身心疾病痛苦的神奇职业。世事难料，有时许多不幸的事件，就发生在我们每个人身边。人活着不容易，真正能够用正确的思维保护好内心，及时从主、客观上避免不良刺激，坚强地从虐心不幸中解脱出来的人，才是生命中的强者。

抑郁心神不宁　用叠加思维看穿一切

精医博爱。抑郁型心理疾病患者的共性是对一切失去感觉，对外界各种事物没有兴趣，不断地自我否定，内心失去阳光，厌恶自己，把心境封闭，内心越来越昏暗深重。抑郁症不是矫情下的故作姿态，是大脑神经系统中管理情绪的机能障碍了，所以无法分泌出产生兴奋的快乐因子。

抑郁产生苦闷，苦闷产生焦虑恐惧心理。患有焦虑型心理障碍的人往往都是将内心封闭在自己的思维世界里，不分场合，不讲情理地乱发脾气。如"萝卜根是朝上长的，叶是往下长的"等，这是完全被病态心理控制的胡说八道，心神不宁的变态反应。

抑郁是人的内心长期处于阴暗状态的后果，抑郁会导致心神不宁的神经偏差

反应，这类人自尊心极强，很看重他人对自己的评价，自私无情，头脑思维简单敏感，内心高兴时表现活跃，一旦受到贬低或有一种小事不随心愿，就怒火中烧，不依不饶，让自己与他人都感受到非常痛苦的压抑反应。

抑郁症是一种长期负面情绪积累的暴发，因此，唯有通过学习心理学的开心知识，才能改变不平衡心态造成的负面心理模式，用看开一切的静心方式，从内心深处解除心神不宁的煎熬与痛苦，让生命在阳光快乐的照耀下，健康生活。

最新医学研究指出，大约有 12% 的疾病来自他人的影响。对于抑郁症，任何人都有可能成为它的受害者。其实，很多抑郁症患者都带着令人无法觉察的面具，在人前保持微笑，独处时告慰自己：我很好，很开心。他们试图通过各种方式方法来掩饰自己的缺点和内心深处的孤寂恐慌，跟别人交流时也会让自己显得自然而从容，在抑郁症患者看来，是一种很恰当的做法，不会让别人发现他们内心深处的不平静。但这一切都无法保持下去，总有一天会在压抑情绪累积到一定量的时候，通过刺激而爆发。这就需要我们周围有人及时给予关爱，抚平抑郁心理的伤害。

对于抑郁症来讲，防治措施非常重要。防治中心是以健康为主，两个基本点是糊涂与潇洒；四大常乐包括，自寻其乐、知足常乐、助人为乐、天伦之乐。六项注意是重视情感，放松心情，均衡营养，适量运动，向善向好，安全用药。

珍惜生命，善待自己。因为生命是人生最宝贵的财富，身体的器官也是无法重生的，有再多的钱也很难更换。抑郁症患者为什么会选择自杀？抑郁症是一种与焦虑有着共同心理特征的疾病，这种疾病会让人精神心理困惑、疲惫不堪、快乐欲望消失、绝望，让心情产生沉重的感觉，麻木不仁，精神处于高度紧张的崩溃边缘，人体如同行尸走肉的躯壳，认为死了更痛快。这样，很快就转化为自闭症，自己想不开，别人劝也听不进，所以选择了走极端的方式结束自己的生命。

有这样一个案例，有位丈夫在大学期间，与妻子共同租房子住，靠勤工俭学维持生活。由于两个人的经济来源有限，所以妻子前两次怀孕都做了人流，当第三次怀孕后，妻子说："我一定要把这个孩子生下来。"丈夫说："你看我们这个条件是不允许的。"这时，妻子已经悲痛欲绝，心理出现了自闭障碍，大脑出现一片空白，只对丈夫说了一句："你会后悔的。"就从 18 层高楼跳下身亡。这一跳，不仅失去了两个生命，让世界上又多了一个不幸的家庭。

对于抑郁症患者，亲人及全社会都应该多多给予关爱，帮他们看开一切，认清生命存在的价值。而对于孕妇来讲，产前、前中及产后抑郁症的折磨会更加残酷。我的同志曾说："产后幸好是妈妈照顾我坐月子，否则我会被心理磨难折磨疯掉的。"

抑郁症与焦虑症的共同症状是六神无主，心神不定，思维及注意力无法集中，经常坐立不安，做决定有困难，过度担忧，焦躁烦闷，无法解除精神与躯体的难受症状。下面我们分别了解一下各自不同的特点。

抑郁症患者经常高估自己，当自己在生活中碰壁后，会感到悲伤挫败感严重。无价值感让内心烦乱，丧失各种欲望，有求生不得，求死解脱的自杀想法，经常产生自责的负罪感，出现新陈代谢紊乱的睡眠障碍，出现无规律的寝食困扰。

焦虑症患者是被压力困惑所侵袭的疾病。经常出现心情难以平静，精神恍惚、紧张无力，心跳加速，呼吸急促，甚至颤抖出汗，感觉有大难临头的危险恐惧。

净心日明月柔。在同样环境下，心情受打击后会出现精神压抑状态。病毒携带者患抑郁症的比率是其他人的 2 倍以上。在一年生活中，若出现 3 次以上的消极事件，抑郁症的受害人群中，会出现精神痛苦，思维停滞、语言动作减少的缓慢状态。

精神心理疾患令医者担忧。这类患者精神不兴奋、心态不稳定，大多有爱玩手机的现象（不顾对眼睛的持续伤害），眼睛是人类的第二生命，眼病是未来人类最大、最多的疾病，它远比战争、地震、瘟疫更加危害生命健康。抑郁、焦虑、恐惧、强迫症，等会更加损坏身心健康，从而影响生命中新陈代谢的健康质量。

静心坦然似神仙。抑郁焦虑症患者不要觉得不好意思，要主动与他人交流、沟通，说出自己内心深处不被人知的苦恼与想法。要始终铭记生命仅有一次，生命很宝贵，人存在的价值是为了爱，要对每个人、每件事充满爱心，永远要懂得你不是一个人面对世上各种逆境，要在每一天的生活中找准自己的位置，自寻其乐，发现那些独特生活的快乐感觉。

如果不能改变别人，就要学会改变自己。严重的抑郁症患者脑海中经常会出现心态失衡的仇恨心理，从不懂得这样做是最伤害彼此心灵的行为，一意孤行，更不懂得向对方认错，恶有恶报地做出一些过激言行反应。而作为内心强大、能及时看开一切的人，会用智慧屏蔽内心的伤害，远离这种人与事的伤害，用静心思维的方式，远离负能量垃圾人的伤害，让自己的身心健康环境免受意想不到的痛苦摧残。

任何人都代替不了自己的思维。每个人都要树立正确的人生观、世界观，因为人具有万物之灵的思维能力，也就是体内独有的极其丰富而复杂的内心主观世界。在许多事上的观点与他人不同时，不要较真，要学会与不同思维的人和谐相处。要依理服人，不要强势欺人。

这个世上我们改变不了别人，就要从心态上改变自己，宽容一切。这样就会放彼此一马，以守护内心平静世界。庸人不懂智者心，睿智的思维是人们战胜一切不良刺激的源泉，拥有睿智的思维就能对自己、对万物变化采取良好的心态，用静心平衡适者生存的哲学态度，从举止言谈上看开、放下，做好自己的一切。

人是一种多愁善感的高级动物。在健康人的心理也会出现一些小的烦恼，而烦恼正是人们在日常生活与工作中遇事所出现的心理反应。每个人的人格平等，但教养、修养、人品不同。如对个别人的无理取闹现象，动不动就批评指责别人，甚至侮辱别人，话一到这个人嘴里就变味等，都需要我们用心提防，用叠加思维看穿一切，让内心健康。

生活可以造就一个人，改变一个人。智者与庸人的区别在于内心透明，无污染。在面对个别心理抑郁不良刺激的现象，对于有教养、有修养、有知识、心理素质过硬的人，是不会起到破坏作用的，只能对那些意志不坚的人，有同样精神污染心理的人起到伤害作用。

离刺激越近，伤害就越重，用叠加思维看开一切。当你心情不好时，就要远离吵闹场所，避免引发内心痛苦的隐患。当你苦闷后，已患有忧郁症时，要避免参加让你更加压抑的事件，应当回避那些会让你心烦意乱的人和事，特别是丧葬活动。平时要多学习，提高精神心理素质，才能有效地避免心理与生理由于不良刺激而产生的变态反应。

影响心理平衡的因素很多，特别是没有从心理社会的角度去预防。一个人若总是对自己或社会有过高的要求，而又无力完成时，就会出现心理失去平衡的状态，如再不能有效地控制或消除，则避免不了各种精神心理与心理生理疾病的发生与发展，出现思维混乱，言行迷茫，甚至会失去好不容易得到的一切幸福。

一个人的情绪活动特征直接受到人的个性心理特征影响，不健康的人格，是一种失去正能量，自身素质低下，不适应新环境生存的逆反心态，是产生过度焦虑或抑郁等负面情绪的基础，因此培养乐观的性格及健康的身体，是及时调整好心态的最好方式办法，也是预防与治疗心脑血管系统疾病的重要方式。

净心快乐，幸福永驻。生活中每个人对同一件事情的发生，都会产生不同的心态，而不同的心态会对自身的心理与生理产生不同的影响，如果有正确积极的思维，从心态上回避不良刺激，就会变压力心理为积极心态。

静心平衡，生命阳光。人生幸福在于不断完善自身思维，静心平衡、彬彬有礼地处理与他人发生的矛盾，静心则心明眼亮，才能产生叠加思维，懂得宽容与感恩，这样就会让自己与对方感受到内心宽容的一面，融通彼此，问题就会迎刃而解。

这是我自身经历的一个心理过程。有一天，我正在家中，突然单位办公室主任来电话说："书记要找你谈话。"我当时摸不着头脑，猜想：肯定工作出了问题或同志之间出了问题，领导要批评、教育我。所以心里犯嘀咕，一直担忧领导找谈话的批评内容。后来，我经过清醒思考，我工作认真、科学、负责与同志能和谐相处，还能积极参加单位内外一切活动，应该没什么问题，是不是领导看到了我的能力，想帮助我入党或再次调到外单位当领导。

最终结果是领导让我参加卫生局组织的独唱演出，我很愉快地接受了这个安排，用美声唱法演唱了对祖国充满深情的《长江之歌》，并得到了阵阵的掌声和欢呼声，中间的朗读也更加令人陶醉、心驰神往。我的表演也得到了领导的赞扬："你刚打完乒乓球比赛就来演唱，真是位全才啊！"

静心最美。静心是生命阳光的气质风采，犹如心底盛开的红花，绚丽纷香，花香飘向哪里，哪里就会充满快乐健康的美好幸福。人生中，无论是看自己、看家人、看工作、看领导，只要站在心理平衡的角度上换位思考，就会得到叠加的心理状态。

如上述我自己的经历，最终证明了我的一切担忧是没必要的，领导找我是对我好，即使批评也是对我严肃的爱，是为了帮助我，当一个人有才华却不能发挥是非常遗憾的事情。通过此事，我发自内心更加信任领导，感谢领导给我用才华释放情感的机会，使我在生活与工作中更加热情洋溢，充满激情，也提高了逆商思维反应能力，用平静的心态去迎接生命责任的考验。

心理学是叠加思维的灵魂，能清晰地看穿人世间一切事情的本质。心理学讲的回避是为了让自己减少不良刺激，让心理平衡的健康机制形成。叠加视觉是一个人环视周围环境变化而适应生存的眼光。叠加思维是强者宽恕自救、改变命运阳光心态，是用最全面良好的心理认识，脱胎换骨地改变自己内心深处片面的、形而上学的偏执心态。

因为深知生命的珍贵美好，所以应该更加珍惜生命健康。要想获得心安理得、天性自由的好生活，就要及时把造成心理的痛苦烦恼拒之健康心理之外，让诚实的心灵免受伤害，就会让我们更加理解拼搏成功的艰辛，更加珍爱生命健康，静心平衡地为人处事，让医者为人类生命健康创造神奇的愿望发扬光大。

每个人在有限生命中，为了自身的健康幸福，从精神心理上回避那些不良心理刺激所带来的伤害是非常重要的，特别是给自己设定的许多很难在短时间内完成的大目标——幸福"心坎"。人生拼搏过程中，能灵活运用心理哲学思维，就能跨越无数"心坎"，获得自己生命中最想要得到的心理自由幸福。

心情是自己给的，会调控心情的人更容易获得幸福自由。让自己感到心神不宁的压力往往是自己给自己的精神心理负担，是对现实生存环境不满足、不适应、心急如焚想改变的心理产物。我们要在繁杂的生活中，用叠加思维读懂一切，时刻用换位思考搞好人际关系，从根本上避免对他人有敌意的心态，消除彼此不应该有的内心痛苦及身心伤害。

身心健康幸福是我们每个人一生追求的目标，屏蔽身心伤害，是内心坚强的大智慧表现。运用正确思维能改变人的生存心态及适应环境的言行。只有切实学习实用的心理学知识，才能及时打开自身的防御系统，而不思维、不能适应生存环境变化的代价，就是自我封闭下的内心痛苦挣扎以及心神不宁反应。

静心无限，光彩夺目。生命中的每一刻都需要我们用叠加思维看穿一切，及时谨慎面对，及时调控好心情来解除内心随时出现的不良应激反应，这样才能准确地保护好自己的心田绿洲，运用哲学思维的非凡心态能量，给自己与他人带来最宝贵的生命健康财富，那就是心理自由幸福。

第二章

调整好心情　拓展智慧疆界

　　医者天下父母心。情绪与情感是人类最复杂的心理过程，也是人类生活最重要的表现形式。面对复杂的生存环境，人们的心理矛盾冲突会通过情绪变化的形式表现出来。在生活中能真正了解自身和掌握运用情绪变化的微妙关系，就能通过认知改变心情，成为和谐适应社会生存，减少心理疾病的发生与发展，为高质量生命健康幸福，为精神心理健康打下坚实的基础。

情绪与情感　是复杂的心理过程

　　心理是每个人特有的需求世界。情绪与情感，是指人与其他人之间，人与各种事物是否符合自己心理需求的外在表现。相互作用是指，情绪与情感的内在联系促进过程。

　　情绪与情感是人类最复杂的心理过程，也是人类生活最重要的表现方式。心理过程对人生的最大作用，就是能帮助我们更加深刻地感悟人生，更加睿智地驾驭生命。

　　情绪与情感是实现人类高级和谐生活的精神支柱。情感疾病与其他疾病一样，有着属于自己的特征。常见有情感冷漠、脆弱等表现。情感冷漠、脆弱的这类人对外界刺激缺乏相应的情绪变化，麻木不仁，情绪极其低下。

生活中计较越多，事就会越多，思维就会混乱，心情就跟着遭殃。人能在生活中理解、宽恕一切，就能找回人世间最纯洁的情感。当一个人的情感乱了，就会像脱缰的野马横冲直撞，害人害己。又好似断了线的风筝，无法控制。求人不如求己，只能从自己出发脱胎换骨，改变才能重生。

情绪与情感相互作用所产生的出口，是现实事物是否满足本人精神心理需求的演变过程。人是一个高级情感动物，如果世上没有情绪与情感的传递，人类的生活将失去真善美的色彩。真善美是高贵品质，善为人性，忍为高尚，悟为超人。

真正的好心情是靠学好心理学调控出来的。心理学服务于世界上的每一个人，它教会我们了解生命的情绪与情感变化，如何活好自己，当一个人遇到难事想不开时，内心是非常焦虑痛苦的，问题总在心里闷着，会产生各种各样的心理疾病，对身心健康会造成无形伤害。

莎士比亚曾说过："善于领悟人生的人，懂得如何思考与行动，能够从碎屑的事物中发现闪光的契机。"人生在与各种人与事的交往中，必然要接触到各种人为现象与社会现象，也会经历恩怨得失，顺境与逆境的生存考验，从而滋生出各种不同的想法与做法。从喜怒哀乐、爱恨情仇的情绪，与情感中演变成大气平和，知足无悔的坦荡情怀。

情绪与情感来源于每个人对世界的认知态度。每个人一生中都要经历先天原始的、后天即时的心理伤害。特别是在人际交往，遇事产生的精神心理及生理态度，这个态度就是这个人的人生观。情绪与情感是密不可分的，是受内心影响而呈现的外在表现，即心情是获得幸福的源泉，也是造成不幸的根源。

情绪与情感是在长久生活中形成的心理体验。任何客观事物都能引起人的情绪与情感变化，只有那些与人的需求相联系的事，才能引起人们情绪与情感的变化。

当心情似花园时会引起人们情绪亢奋，出现即兴的唱歌、跳舞等肯定心理情绪与情感满足的心理活动。当现实生活不能满足人们内心需求时，心情会低落，也会引起人们的生气、不满等消极的情绪情感出现；当现实生活只能满足一部分内心需要时，会引起人们若有所思的纠结心态，此时能清醒思维，遇事都往好处想，就会变消极的情绪为积极的情绪与情感。

调整好心情是为了适应生存。情绪在人生中起着极其重要的影响，它是通过情感的言行来调整，正能量的作用能促进学习进步，促进工作效率，促进人际关系和谐，促进家庭和谐幸福，促进精神心理与心理生理朝健康快乐方向发展。

人的内心对各种事物都有不同的观点态度，这种心态总是以特殊的体验形式表现出来。比如月亮本身有圆有缺，不说明它会产生欢乐和悲伤的情绪，人们在赏月的情境下产生的情绪反应，是人们自身精神心理及心理生理上的情感反应。

生命中精神快乐最幸福。从心理学角度来讲，情绪与情感是人类精神生活与物质生活产生的最重要基础，人们只有满足了基本的生活基础后，才有可能实现更高级和谐的精神与物质生活。

情绪分两极性，两极是指人对同一事物可以产生完全不同的情绪体验。我们要用正能量来利用正性情绪，让它在生活中起良好作用。

从精神心理角度来讲，正性情绪包括喜、爱、满意、欣慰、热情、开朗、乐观等，使心情舒畅的作用。负性情绪包括厌恶、恨、不满、抑郁、烦恼、焦虑、愤怒等，使心情烦闷的作用。

人体在不同情绪下情感也会起到协同作用，人体内分泌腺也会产生相应的变化，使血液中各种激素的含量产生变化。医学实验证明，满意、高兴者的血液中去甲肾上腺素保持正常范围；而急躁、愤怒者血液中去甲肾上腺素明显增加。去甲肾上腺素的增加会引起呼吸急促，血糖、血压增高，血管扩张，出现易发怒状态。

从精神心理学角度来讲，情绪是指自我精神心理与心理生理被情感所困后所产生的精神心理反应；而发泄情绪是指将压抑或兴奋自我情绪的情感意识有效地释放出来，达到心态平衡的自由舒展健康状态。

人生苦乐不均，人体不良情绪得不到发泄，会给自我造成巨大的精神心理压力，会造成压抑苦闷后的焦虑抑郁现象。人不经历绝望是不会了解自己的。当人体产生各种不良情绪后，要及时向亲人、朋友、同事倾诉，向大自然发泄。

古人云："忍泣者易伤"。情绪也会让人体产生巨大能量的蓄积，该笑则笑，该哭则苦，适度发泄，也是智者让自身减轻压力烦恼的最有效方法。中医理论认为以防为主，以治为辅。防即养生保健。

情绪的心理表达方式分为三种：

（一）自我

自我调控情绪，调整情感。

（二）环境

及时远离不良环境滋生场所，人与事的是非之地。

（三）升华

转换压力为动力，用真心与潜能智慧搞创作，要懂得不良情绪的压力会让人体免疫力下降，气血不通，经络不畅，身体会像大气球一样会随时爆炸，让健康幸福顷刻丧失。

情绪的表达包括精神心理表达，生理心理表达。

情绪的心理表达有如下几点：

（一）对自我表达

宽心自慰，看开一切。

（二）对他人表达

情感与情趣交流，做共同开心的事。

（三）对环境表达

在自然界中宣泄，玩乐，畅想，创新。

心理表达不良情绪者躯体表达会加重，如躯体化"头痛""心绞痛"，亚健康身体，对什么都不感兴趣，常出现神志不清、思维茫然缓慢，或全身都难受等现象。

从情绪，情感的两极来看，即有积极的一面，又有消极的一面。积极的情绪，情感能够提高人体的活动能力；消极的情绪，情感能抑制人的情绪，抑制人的活动能力，降低身体素质，让新陈代谢迟滞，让你感觉特别累的各种症状。

心理健康基础　对情绪变化的理解

　　能真正了解自身并掌握及运用情绪变化的微妙关系，就能适应社会生存环境，从而减少各种心理疾病的发生，为精神心理健康打下坚实的基础。

　　心理健康的基础在于情绪智力（情商）——对情绪的理解

（一）情绪的必要性

　　情绪意义是指向自我的"因情所困"。人生意义的情绪感性，喜悦——重复；恐惧——回避；悲痛——痛定思痛、化悲痛为力量；愤怒——克服；焦虑——人无远虑，心有近忧。疼痛的意义，痛苦——必要、痛中有乐。

（二）两极性的矛盾

对同一事物可以产生两种完全不同的情绪体验，是心理病理的温床，与欲望的矛盾性有关。美味——花钱；欣赏——花时间；上大学——玩游戏；离婚——没面子；享受——能力低下。

（三）情绪的动力性

情绪情感能给心理活动提供能量。对行为的驱动作用，极端会造成失控，失控会失去一切。学会相处（回避、过程性），层次越高越持久；对感知的偏差作用（越害怕什么越容易感受到什么），心理问题、躯体的各种不良反应，如心脑血管疾病的发生与扩展。

（四）情绪的过程性

理解负性情绪过程，焦虑、抑郁（什么事都不想干）；愤怒时不要说理（二人争吵）；停顿疗法（故意毁坏物品）。

（五）情绪的非理性

不可控：第一次当众讲话、第一次求爱、不该失落的情感、小孩哭闹。行为的冲动性：学会相处。对理性的损害性：愤怒、恋爱。病理情绪影响更重：焦虑忧郁，不能自拔。

（六）情绪的转化性

向其他的心理和生理活动的转换。欲望：情绪不好时；饮食、购物病理性增强。情绪之间：抑郁与愤怒。躯体：各个器官系统（大脑疲劳、记忆差、口干舌燥、失音），躯体疼痛能撒娇。

（七）情绪的人际转移性

将自己的情绪转移给他人的特性（高兴、烦恼）；对负性情绪的转移予以理解：污染性；被伤害时（伤害别人的人都是不幸的）；亲人之间（猫狗效应）；医患之间（设身处地）；可恨之人必有可怜之处（流浪狗）；对正性情绪的转移予以利用。

从心理健康的角度来讲，任何事情都有其对立面，人体的情绪也有对立面。任何事情的发生都是相对的。只要将负性情绪转为正性情绪予以利用，就能保持心理健康面对一切，超越自我的弱点，获得生命希望的成功幸福。

健康心理的对立面是变态心理。变态心理是指心理与行为偏离正常心理情绪反应而言，但"变态"与"常态"都是相对的。纵观人生情绪与观念的反应转变，没有标准的情绪规范，无绝对标准的心理常态。心理学家研究心理健康常从以下基础来观察：

从病理学角度来讲，心理是人脑的机能。如出现颅脑损伤（外伤）、中毒、感染、营养不良，出现遗传及代谢障碍等现象。即使心理异常现象较轻微，也属异常范围。在大脑没有明显的结构创伤，由于各种强烈的精神刺激而引起大脑功能失调，出现的各种梦幻思维、妄想症等均为心理不健康基础。

从统计学角度来讲，许多在变态心理学属于异常的现象，在正常人身上也会出现一些，这与心理异常者之间的差距只是程度上差异。如神经系统有兴奋和抑制状态，遇到刺激敏值低的人、易兴奋，敏值高的人不易兴奋。某些人兴奋呈优势，有一些人则抑制呈优势。

我们从外表很难断定此人心理是否健康，如从情绪智力对情绪的理解上看，是否能将不良情绪转成良好的情绪，适应一切工作与生活就是心理健康的人。例如智力超常者，除了个别社会适应能力差外，均属正常心理健康。

人在逆境绝望时，最明白调整心情的重要性。当我们从各种角度了解一些心理健康的基础知识后，就应该准确地运用情绪智力对情绪的理解，来化解和转变不良情绪为积极快乐的情绪。

学好心理保健知识，总有一天你会成为你想要成为的智者。若想心理健康，要尽量让身心处于放松状态，通过自我的情绪调整，在掌控情绪的过程中，适度锻炼身体，科学饮食才会让心理健康基础更加牢固，让自主神经系统及内分泌系统处于低水平活动。

　　通过自我调控来解开负性情绪带来的危害心态，重新认识正性情绪将给心理健康带来的最佳影响，并通过社会支持给予各种关怀、影响和教育，支持正性情绪的心理健康，祛除不良情绪的根源，才会永葆自然平衡的心理健康状态基础。

转变思维方式 能够改变内心世界

要学会积极的思维方式。对生活中的同一个问题，从不同角度来看就会带来不同的效果。据说古时候有一位老妈妈，晴天时担心大儿子雨伞卖不出去，雨天时担心二儿子纸张卖不出去，整天愁眉不展，高兴不起来，使心理健康大受影响。

思维改变心态。后来有人劝她改变思维方式，纠正不健康心态，说："晴天时想到二儿子生意一定很好，雨天时想到大儿子伞一定赚了大钱。"结果这样一想这位老妈妈的心里便像开了花，天天心情舒畅。老妈妈不但身体健康，不操心了，而且感觉越活越有滋有味了。

人生在大病初愈最明白健康的重要性。人生不容易，遇事你硬要往偏激不良情绪那儿去想，就会出现自寻烦恼的情绪发生，正所谓，庸人自扰而自我毁掉最珍贵的身心健康基础。

童心是人生最美好的时光，它是天真烂漫、活泼可爱、无忧无虑的生活。正如许多人说的那样："人这一生，就上学之前最好，没有任何负担，心里想怎么玩就怎么玩，开心得让你忘掉一切。"童心不泯的生活，会伴随我们一生的健康快乐成长，不惧怕任何压力挫折，敢于在绝境中放空自己，静心平衡观风云，保持永远年轻的心态。

人生不能时刻保持快乐的心态，就会使自己的精神心理与心理生理带来影响，从而产生各种各样的心理与生理疾病。在生活中，小的心理问题会累积成大怨，造成久怨成疾的后果。

从心理学角度来讲，人生不容易，现实就是珍惜生命的每一天，活一天，高兴一天，这样才会感受到童心不泯、返归真实自然的生命。

人是什么？人只不过是自然界的分子而已。每个人都是从分子——细胞——组织——器官系统——人的组成过程。人是一个性格开放的调节系统，自然界也是由存在着大小不同的系统层次所组成。人体内的各个系统在心情的促动下，相互作用，相互影响。

人体是在情感的作用下才产生情绪而产生细胞兴奋，产生快乐的。童心不泯是一种自然健康心态的流露，是取悦自己、让别人也开心的生存方式。更是一种让心底祛除各种精神污染，不怀疑人、猜忌人，宁愿人犯我，我不犯别人，适者生存的高尚品质表现。

从心理学的角度来讲，对人最重要的是关爱，而关爱的根源就是情感。人生试图改变别人心理让彼此共同幸福的意愿，只有在童心相照下，互相关爱中才能产生。人虽是一种善变的动物，但真心无悔的付出，才能造就真爱的天堂。自恋的人总是以自我为中心。

童心是一种让心理归零的心态。归零心态，就是把心灵里的烦恼清除掉，不计较得与失的心态，一切都是全新的。良好的归零心态是战胜生活逆境，战胜挫折心理不可缺少的消毒剂，更是对别人怀有感激，对生活、对大自然充满无限感激心态。

童心是一种平静接受事实的平常心态，不论事实是好是坏。当一个人在成功过程中，失去了健康，失去了生命中最大财富又有何用？求生不能、求死不得，就会失去生命的意义。成功与失败都是我们拼搏要经历的生命进程，平常心是战胜心理挫折的坦然心态。

童心是归零正能量思维，把一切看开，才会做回自己的童心，让心境回归自然世界，让精神世界充实，让生命光彩璀璨夺目。拥有童心会把忧伤烦恼抛到九霄云外，让我们永远健康快乐，终生无悔。

每个人在生活中要及时修正及排出不良情绪，以维护好心理健康的基础。祖国传统中医常把七情列为导致人体精神心理与心理生理疾病的主要原因及诱因。人体一旦出现七情的紊乱现象，就会不可避免地伤及五脏六腑，从而导致各种精神心理与心理生理疾病的发生与发展，破坏人生最宝贵的心理健康基础。

人生是一个找准自我位置、自寻其乐、智者生存的过程。正确地估计自己的能力，越是艰险越要保护好心理健康再往前冲锋，否则没等到成功幸福时，生命就已经或即将结束，这样又有何意义。事实证明，即使事业成功，钱再多，也买不来无价之宝——身心健康。

人生是一个超越自身弱点，在发挥最大潜能创造的同时，健康快乐生存的过程。生命是在及时改变及转化不良情绪，追求成功幸福的生存享受过程。生命中"思者健、睿者康、仁者寿、怒者伤"。做任何事，都要用哲学思维去改变内心世界，找到心理健康情绪的乐趣。

人活着，有命在，浑身都是病也没有意义，没有价值。正如没有人能躺在担架上去打高尔夫球的。每个人的心理健康情绪主要靠自己来调整，并且心情不好也会严重影响药物治疗疾病的疗效。

人是自然界的一个微小颗粒，自然界的变化是反复无常的，生存在自然界的人们也应随着生活环境的改变而改变最难改变的自己，否则就会让心态失衡，产生迷离心情。

第四节

端正人生态度　认清情绪泛滥后果

　　稳定的心态是心理情绪的外在表现。有什么样的心态，就会有什么样的心理情绪。人活着，就是要靠积极快乐的心态调控，心态思维决定每个人的命运。稳定的心态是幸福的源泉，恶劣的心态是不幸的根源。

　　情绪与情感是人类活动的特点，根据情绪与情感的两极性，肯定的情绪和情感对人的活动有积极的促进作用，否定的情绪和情感对人的活动则起着消极的作用；同样，也会在人际交往中起到相同的作用，人际情感也表现出两极性，根据

它是促进还是阻碍人与人之间的交往，可分为良好情绪的人际情感和不良情绪的人际情感。

心态决定生命细节。每个人要想达到无任何压力负担，身心舒展的生活，就应该从根本上端正人生态度。在人生漫长的岁月中，不为情伤、不为物累，才是自然平衡的适应心态。

世上成功没有平坦路，都是靠自己救自己争取来的。生命中经历过才会懂，每个人要想获得成功，就要立大志，用所学专业，在为人类共同幸福的拼搏过程中，树立崇高的信念理想，愿意为自己选择的奉献爱心事业终生无悔。

心若有阳光，世界永远光明。医者天下父母心，永远做一位让人感到温暖的人。我们要用责任的阳光，为自身每一步的前进，每阶段的成功并接近理想目标而知足；要为每一步的失败、每一次挫折的教训给自己的意志行为锻炼提高而欣慰；更为医者是为人类解除身心疾病和痛苦，束手无策的职业而骄傲。

命运不会亏待任何一个既努力又才华横溢的人。拼搏中，我们更应学会化敌为友，谦虚谨慎，要把支持当作鼓励，把反对当作警钟，要为我们用医术治愈患者，从患者转危为安的工作中感到幸福，从而体验自身的实用价值。

心理健康，指的是人们在生存过程中，精神心理意志上的健康，心理生理身体上的健康。特别是指在各种逆境中，能够适当调整的情绪与心理状态情绪的适应生存能力。如果人体失去良好心态，就会失去快乐，失去自己一生最渴望追求的梦想幸福，产生变态反应。

患病的皇帝不如乞丐。健康是生命中最大的财富，有健康才能有高质量的生命。当一个人在事业成功前后、有钱或无钱后，只有眼珠子、舌头能动，其他身体各部位都不能动一样，这是人生的最大悲哀与不幸。一个人钱再多，也填补不了内心的空虚，也买不来生命的健康，这是无能为力地实现自身责任价值的噩梦生存。

放纵情绪，等于玩火自焚。每个人能够在任何情况下保持稳定的情绪，不会把自身的各种烦恼发泄到自身及他人身上，从而让身心保持健康快乐的状态，使心情澎湃成为优美的旋律，带给我们精神快乐最幸福的感觉。

不要期望多少人关爱你。让我们做好自己，生活兴趣广泛，工作有成效，面对压力有自信。而在生活中情绪低落的人往往是心理不健康的人，这种人极易在生活中产生因自卑而自弃，不懂生活，易产生各种失误现象，易在情绪躁动时引起各种心理问题与错误的言行。

执着与偏激是两个概念、两个方向、两种结局。从心理学的角度来讲，"内疚"是造成人体精神心理压力的主要原因。特别是有远大目标的拼搏者，在全身心付出数年后，没有实现梦想，却出现了深度的焦虑抑郁症，属于自己想不开，别人怎么说也不听"自闭症"行为。有这种心理疾病的人会在精神上产生巨大的压力而不能自拔，有的人也会因此而走向自杀的绝路，或选择其他的方式虚度自己的生命。

稳定的情绪是心理健康的重要基础。每个人在复杂的生存竞争中都不可能一帆风顺，没有挫折。当一个人心态不平衡时，任何失败都会对他的心理造成挫折打击，导致情绪失控。而情绪就是人体的引爆点，一旦被点燃，就难控制，就有可能出现各种心理疾病而危害生命。

成功是在失败基础上获得的，幸福是在静心状态下美好的感受。人生选择的心态不同，结果也就会不同。烦躁不安的心情会导致心理的崩溃无助，生理坍塌成灾的命运，从而失去享受人生美好的时光乐趣，让内心世界永远生活在苦不堪言的痛苦中。

第五节

苦闷产生焦虑　认知改变心境

焦虑症又称焦虑性神经官能症，是一种常见的以心理疾病反映出来的不良心理暗示，由遗传及环境等因素造成。患者常常表现出，六神无主（眼、耳、鼻、舌、身、意）的症状，及头晕、头痛、眩晕、消化系统紊乱等症状，这些都与遇事内心想不开的苦闷有关。

广泛性焦虑症是一种严重的心理障碍，表现为难以控制的担忧，如预料灾难即将到来，过度担心自身健康问题及复杂的人际关系，理不清的各种经济纠纷。

积极的情绪会使人信心倍增，精力旺盛。很显然，从一般的角度来说，积极的情绪有助于工作效率的提高，消极的情绪则会影响工作效率。但是经过心理学家们的实验研究证实，不一定消极情绪在所有时候都会降低工作效率，如焦虑在适度的情况下也会激发智能，促进工作效率。

从情绪的个别差异方面来分析，一般情况是平时情绪稳定，不容易过分焦虑的人，比容易激动焦虑的人有更好的学习成绩。从学习压力和焦虑程度的个别差异的关系来看，一般的情况是，低焦虑者（情绪较稳定，不易激动），在压力下可提高学习效率，而高焦虑者的学习效率常因压力的影响而降低。

情绪与情感对心理健康的影响。情绪具有明显的生理反应成分，直接关系到心理的健康，同时所有心理活动又都在一定的情绪基础上进行，因而情绪成为身心健康联系的纽带。

正性的情绪，如乐观、开朗、心情舒畅等能使人从心理与生理两方面保持健康；负性情绪如焦虑、抑郁、悲伤、烦闷等会损害人体的正常的心理反应和生理

功能。如果负性情绪产生过于频繁或强度过高，或持续时间过长等，则会导致精神心理与心理生理的疾病。

　　一些容易引起强烈紧张状态的重大事件，如战争、地震等自然灾害，也会使人产生各种各样精神心理与心理生理疾病。比如，在第二次世界大战中，人们经常处于精神紧张、苦闷抑郁的状态。此时，有人发现患有消化性溃疡并穿孔的人明显增多。

　　疾病和思维方式受同种基因影响。英国爱丁堡大学研究人员从英国生物医学库中收集了10万人的数据资料，把这些人的基因组与精神健康评定测试数据进行对比。结果显示，疾病与思维方式受同一种基因影响。受过高等教育，有良好解决问题能力的人，不容易患阿尔茨海默氏证以及中风等心脑血管疾病。他们会用所学的医药学知识，保持静心平衡的心态，及时祛除不良的生活习惯所引起的肥胖超重的各种疾病现象。但有个别聪明人，有时神经兴奋过度，易出现焦虑抑郁的病症，会出现引起大脑皮层紊乱的狂躁型精神分裂症。

　　医学证明，严重的不良情绪会导致心理障碍及精神疾病。比如，长期紧张会患神经衰弱，严重者还可以导致抑郁症，焦虑症甚至精神分裂症等疾病。我们为了拥有一个健康的身体和心理状态，就应该设法避免焦虑、烦恼等不良情绪，及时把心打开，永远保持乐观、开朗的情感与积极情绪。

情绪与情感对人际交往产生影响。人是一个社会的人，在每个人的一生中都会与许许多多的人进行交往，不管交往的形式如何，交往中的每个人总是出于自己的某种愿望或需要，并且总是希望这种愿望或需求会得到满足。

一个人一旦愿望实现了，需要满足了，就会产生相应的肯定性情感体验。如自信、自强、理解、信任感，自命不凡等；相反，如果交往受到挫折，便可能产生否定性的情感，如心神不定感、自尊心受挫感、或嫉妒感、厌恶感，厌世感及报复心理等。

良好的人际情感，是在人的交往需要得到满足下产生的情感体验，同时它也会对人际关系之间的进一步发展起着促进作用。良好的人际情感主要表现为社交中的自信感，相互信任理解，相互真诚尊重等和谐的心理反应。

不良情绪的人际情感是在人际交往中，受到挫折产生并逐步形成的情感体验。不良情绪的产生，与这个人是否有静心平衡的智慧关系很大，否则会受到无知无畏，无知识、修养的不良品质，生理缺陷等因素的影响。不良的人际情感对人际交往有很大的阻碍作用，不良的人际情感包括社交中的自卑感，嫉妒感，恐惧感以及社交中的猜疑感，报复感等精神心理与心理生理的病态排斥反应表现。

焦虑症的患者是非常值得同情的群体，少一些与他们争斗，少一些伤害，多一些关爱，经常指导他们放松心情，联想美好事情，听音乐，让他们全身及情绪放松，心情平静。这样就有可能解救这个人，甚至一个家。避免出现无意伤害，形成压死骆驼的最后一根稻草。

两极性的相对论：对同一个人，同一事物可以产生两种完全不同的情绪与情感体验。三个影响因素，十方面原因：

（一）认知方式

从不同的角度认识一切。把成功与失败看成是利弊相融，"塞翁失马"的境遇，这也是从精神心理上治疗情绪与情感问题的关键。生命中的快乐与悲伤，主要取决于我们对成功与失败的思维态度。

（二）心境

境由心生，每个人的心理问题都是由心往坏处想所造成的。如贪食的男孩与女孩，从精神心理学来讲，多食或厌食都是心理障碍的表现。许多孩子的心理问题主要来源于与父母的不和谐。如父母常吵架，孩子心里总会想："是不是因为我？为什么他（她）不要我？"父母共同关爱孩子，孩子的情绪与情感才会朝正确的方向发展。每位家长都要懂得：美满家庭的关系应该是等边三角形。

（三）预期

期望过高，难以实现。有的人心比天高，命比纸薄，却不懂如何拼搏。如有的人，整天去算命，一步一个台阶磕头，就是不懂得如何用静心平衡的大智慧让自己心灵开窍，用学到的真知卓见的意志践行创业，获得成功幸福。

做好自己，开心产生能量。 人生要想将情绪的负性转为正性需要，需要我们的承受与付出。人类本质的沉重感，来源于情感期盼的责任与情绪压力的煎熬。生命中的成功，关键在于发挥自身最大潜能，超越自身的弱点，越是艰险越学习、就越前进，这样才有可能实现自身最美好的心愿。

我们决不能无任何承载地来到这个世上，而人生最大的成功，就是改变情绪与情感相互作用给我们带来负面影响，真正识别生命中真善美与假丑恶等现象，端正人生态度，认清情绪泛滥危害后果，在责任情感的海洋洗礼中，尽情享受美好生命静心智慧时光的幸福快乐，健康无悔。

第三章

生命独一无二　心理平衡身心健康

　　每个人来到这个世上都是独一无二，生命是为追求成功幸福而来的。人从精神功能上分三部分，即原我、自我和超我。人生精神快乐最幸福，人的最高追求在于得到社会的承认重视、他人的认可尊重，自己能静心平衡地面对生活，心甘情愿地发掘自身潜能，是实现人生最高价值的体现。

世上只有一个你　找准角度适应生存

　　医学心理学的原我指的是先天具备、生来即有的个体特征。原我是通过自我的想象而表现出来。现实中的自我是指在思维下的自己，自我是指在心理健康状态下，找准人生位置，控制好情感，适应各种生存环境的过程。

　　超我是经过知识积累后，通过现实生活的实践与后天成长教育醒悟后，超越自我升华的过程。人生多活一天，就会多一点觉醒，多一些收获。只有具备超越一切的雄心大志，才会让生命充满正能量。这个世上全是竞争，心理不健康就无法应付竞争，更无法获得健康幸福的生活。

静心平衡，认清自我。人的生命是有限的，为什么有的人能成功幸福，有的人却一直在苦海里挣扎？就是因为没有从根本上认清原我价值的心态所造成的人生复杂多变，真正认清自我，才能改变最难改变的自己，以适应日新月异的时代新生活。

生命时刻有限，健康最美。智力正常，是原我、自我、超我的能力体现。智力是人的观察、注意、想象、思维与自身实践活动能力等能量的自然反应。智力正常是每个人正常生活最基本的心理需求条件反射，也是这个人对专业知识应用能力的心理是否健康的反应。

生命健康长寿的精神共性包括掌控情绪、心境随和。个性是心理的、生理的外在表现。情绪在心理起核心作用，身心健康在于自身与各种环境的整体和谐。心理健康者能经常保持静心平衡下的愉快、开朗、自信、满足，能从生活中自寻其乐，对生活充满希望，更加懂得生命的意义，更具有适度调控自己的心理情绪，以及保持与周围环境动态平衡的能力。

意志力是一个人能够适应生存与发展的能力。健康的心理意志品质是生命质量的体现，情绪能给心理提供能量。意志是人类潜能的集中体现，是个体生命重要的精神支柱。健康的心理意志品质有其心明眼亮的方向，自律自学性强，善于分析复杂问题，抓住重点，意志如钢，能承受各种打击伤害。自我把握实现既定目标的坚定性极强，用心拼搏，不受任何事务干扰，循序渐进地产生智慧，让能量与目标产生共鸣。

一个人的心理健康主要是在与他人交往中表现出来的。和谐的人际关系既是心理健康不可缺少的条件，也是获得心理健康的重要途径。主要表现是乐于与人交往，能保持良好的人际关系，善于在交往中保持独立而完整的人格，特别是能从现实角度看开一切。

送人玫瑰，手留余香。每位善良的人，都要从心理上、行动上乐于帮助别人，用真心的态度，从心理与行动上去理解帮助他人。人与人之争最大的痛苦，在于"得到的不想给，没得到的非要得到"的心理冲突。

　　想要健康幸福地生活就得适应环境。一个人若不能有效处理与周围现实环境的关系，就会导致心理上产生不良应激反应。看不清自己，就会误入歧途，对现实环境的适应程度取决于这个人心理反应能力，身心健康取决于自身与环境的整体和谐。

　　人格是平等的，要有尊严地保持人格的完整性。能够在任何条件下保证个体生命不受侵辱，也是这个人比较稳定的心理特征的表现。心理健康的最终目标是人格的完整性，我们应当培养保持不屈不挠的健全人格观念与受自我内心约束的言行。父母是人格缔造者，对子女的人格最重要。许多人在成长的道路上出现各种人格缺损现象，都与先天遗传有关，也与自身后天受教育程度，以及在逆境中心态是否保持良好有关。

　　时间是检验一切的试金石，是一把戳穿虚伪的宝剑，能够验证谎言，揭露本性。当你被欺骗、敷衍后束手无策时，要学会向善、向好、向坦然，淡然一笑。而人生最尴尬的是高估了自己在别人心里的位置，谁好谁知道就好，笑透别说透，要永远记住，不要在生气时做决定，更不在高兴时许诺言。要学会放手，你若有心，我何尝无心。你若无心，我随遇而安。

　　生活中最好的自己，永远是那个保持静心平衡状态，永远拼搏在路上的自己。世上懂自己最重要，当一个迷茫无助时，正是最不懂自己时，时刻懂自己的人，才是身心健康的自己。人生要获得新的幸福，就要创造出属于自己的能量财富。在内守住心，在外守住嘴，用谦逊温和，温文尔雅来面对世间变幻，这样才会让生命得到升华，在自我宽慰中放下一切，找准角度位置适应生存。

　　中医是站在天地间看人体。静心平衡，天人合一的生存是原我心态，最终能打开个别人内心深处狂想症。狂想症是指这种人整天浮想联翩，不干正事，总把有限的生命，浪费在虚无缥缈的时光中。他们早已把自我思维弄乱，想一出是一出，失败后不总结教训、不醒悟，撞一辈子墙、头破血流也不悔改。这种偏激的言行，是与剑走偏锋的精神心理与心理生理的疾病是分不开的。

随着社会生活以及工作压力的不断增加，患上或轻或重的狂躁症的人越来越多。狂躁症是大脑神经高度疲劳所释放的心理不良应激反应。"过劳"是罪魁祸首，身心疲劳症如同恶魔一样，将人的精力无限使用，明明身体能伸一尺，非要伸三尺，结果无法恢复，痛苦终生。学会休息调整是人生的大智慧，不加以重视诊治，就有可能会发展成重度狂躁症，出现并发神经衰弱的焦虑抑郁症后的精神分裂症。

人生无论干什么事业，都要从实际能力出发，符合本人性别年龄特征。年龄特征与人生各阶段生理发展相对应的是心理言行的表现，从而形成不同年龄阶段特有的心理思维空间反应。心理健康者应与同年龄多数人的心理反应及言行相符，经常严重偏离自己年龄特征，就会产生想不开的变态反应。

每个人都有心理潜能。人本主义心理学认为，个体有自我驱动力的潜能，即具有保护自己心理健康和寻求恢复心理健康的自然平衡能力；改变或拯救自己的人是自己，而非他人；改变需要时间，更需要静心平衡的生命健康幸福大智慧。

生活中想入非非是不行的，思维要理智，不要冲动，心理出现偏差是人们的环境适应能力差的不良反应。人生的精彩起步于家庭，每个人从一出生到最后，都需要抚平内心创伤，干自己力所能及的事情，及时祛除精神污染，改变不良心态，在生命成长的过程中天天排毒。

从心理健康的角度，世上的任何事物都有对立面，对任何事物的判断也都是相对的。早在《黄帝内经》中就已强调，"圣人不治已病治未病"，认识到"故智者之养生也，必须适时而适寒暑，和喜怒而安居处，节阴阳而调刚柔"。

人生多一分智慧，就多一分成功幸福。人生要有自知之明，遇事看不清自我，才会误入歧途。每个人都要通过学习，来修身养性，充分认识身心与外界的统一和谐，让心态在相互依存中，纠正心理偏差。

学习心理健康知识，能促进个体的心理健康成长，找出不能适应生存的原因。普遍来讲，心理健康的人学习成绩通常会优于心理不健康的人，自身的工作能力也远远高于心理不健康、胡思乱想的人。

心理健康的人是静心平衡、看开一切的智者，能经受挫折与逆境的痛苦磨砺，更加注重人际关系的协调，积极有效地参与各种社会竞争，懂得生命健康的珍贵，在各种灾难突然发生时，能及时改变心态，在大灾难过后的很短时间内能将脑子清空，什么后果也不想。

人文是医学的灵魂，应用专业知识能让你受益匪浅。国内顶级心脑血管专家胡大一曾精辟地指出，人类大约有 60% 的疾病是在自己把控范围内，17% 的疾病是污染问题所导致，12% 是受他人不良心态所影响，11% 是滥用药物所造成。

修心成静海，做最好的自己。强者是能战胜自己的智者，每个人的心理健康，都是建立在坦然面对风云变幻，风轻云淡地做好自己的基础上的强大内心反应。

心理健康的标准具有相对性：

1. 能充分了解认识自己，适应千变万化的生存环境，能及时学习新知识，改变不良思维，时刻保持适应生存的乐观心态。

2. 懂得成功都是建立在失败的基础上，能认清自己的能力，不把自己看得过高，不好高骛远，脚踏实地干力所能及的事业。

3. 有自身特点，但不被任何人与事干扰，在生活中能保持不卑不亢，意志坚定，执着拼搏到底。

4. 时刻保持人格完整、和谐处事，一切随缘的心境。

5. 有责任感，重感情顾家，广交志同道合的朋友。

6. 安心做好自己的工作，用知识智慧升华心灵，提高生命价值。

7. 时刻保持良好人际关系，说话谦逊温和，有信心、有主见、有品位。

8. 有较强的"自律性"。自律就是正常的生命规律，深度了解自己身心健康现状，懂得开心运动是身心健康的良医良药。只有自己掌控节律，才会远离死亡、感知幸福未来。

9. 能适度地发泄不良情绪，思维清新，懂得愤怒是一把双刃剑，既伤自己，又害环境坏他人，宽恕别人就等于宽恕自己的大道理，关键时刻，遇事越要沉着冷静，不生气，不与他人争吵争斗。

10. 懂得用智慧战胜一切，才是世上的智者。深知身心健康要靠自己调控，用静心平衡中的智慧，照亮生命幸福的美好前程。

第二节

认清心理现象　让生命处于"内稳态"

读懂自己，认识个人的生命价值。健康的心理特征就是认清自我的心理现象，加以控制，保持大气平和的心态。

首先要认识心理现象。心理现象是精神心理活动与心理生理活动的外在表现形式。

个性状态生命的价值：健康是生命最重要的基础，没有健康，一切为零。

人格（个性）：属于内部自我，外部自我，综合自我的整体意识行为。其中

最关键的是认知生命的个性核心结构的整体性、独特性、稳定性、社会性。认知清楚就会发展，方向决定命运，反之走向失败。

个性头脑的价值：知识创造财富，智慧改变命运。

灵魂的价值在于：

1. 精神愉快，即发挥创造，又处处想成功后的多彩幸福；

2. 精力充沛，在生活拼搏中，"精、气、神"永存。

3. 关系协调，能及时处理各种复杂的人际关系。

4. 适应良好，保持乐观情绪，遇事想得开、看得开，静心平衡。

心理现象是个性心理活动的表现形式。心理现象呈现心理过程和人格两个互相联系的方面。

心理现象包括以下过程：

认识过程：自我感觉、记忆、思维、联想等内心感受。

情感过程：喜、怒、忧、思、悲、恐、惊等受刺激的反应；

意志过程：意识清晰、坚强自信、执着境界支配自身创业的行为。

人格（个性）如下：

人格倾向性：自我需求、观念信仰、个体生命偏好等兴趣

人格特征：个人能力、学识修养气质、性格内外取向

自我意识系统：懂得自我认识，能体验、控制自我心情欲望

心理过程是指人的精神心理活动的发生、发展的过程。认清自我的心理过程，才会静心平衡，大智大勇，处惊不乱。

认识过程是理解接受的过程，是人脑对客观事物现象和本质的反映过程。认识过程是从感觉开始产生记忆引发思维联想而产生的心理现象。

情感过程是人在认识外界事物的过程，认清人与人之间的不同关系，而采取的心理态度。

意志过程是用思维正能量去克服内心软弱的缺点。不被情绪情感困扰而内心

坚强的拼搏境界，健康的心理特征就是保持静心平衡状态。意志力往往产生于"自我实现的预言"的自信中，自信心极强的人，运用智慧在重压下产生的能量，才会让生命处于内稳态。

关注个性健康成长，理解个性行为倾向性，一贯性、一致性。

理论在于：根源特质，素质特质，环境特质。受遗传、环境认识的影响，性格表现你的动机。个性是心理的、生理的外在表现。父母是人格的工厂，对子女最重要。人生观就是一辈子想做什么样的人。心理动机影响人生轨迹。

人生共有三欲：食欲、性欲、财欲。需要有大小，动机有强弱，行为有差异。生命教育不能从头再来，必须掌握用爱心培养孩子，孩子才会快乐成长的要旨。不是孩子不能，而是家长教育不利，不会因势利导培养孩子的意志力与信仰。溺爱孩子，宠惯、帮孩子做事是毒害孩子。

想要成为内心健康的人，就要时刻让生命处于"内稳态"形式。人生的成功起步于家庭教育。孩子是父母精神心理的寄托，要想培养成功幸福的孩子，家长要倾注爱心、耐心与智慧，发挥孩子潜能，避免孩子在成长过程中落入失误的"陷阱"。不但帮孩子拥有健康的身体，乐观的性格，还要帮孩子树立正确的世界观，在逆境中不迷失生命大方向。

如果你被人忌妒，说明你是成功者。人生追求的本质是差距，成功是收获提升、减少失败，内心的追求会随着完善的性格而成功。

人格特征：

1. 气质：学识、修养、个性、灵活不灵活。

2. 个性特征：整体性、独特性、稳定性、社会性。

3. 性格改变：重大打击、精神疾患、智商决定人生走向，情商决定提升，逆商决定心态。身体无缺欠，心理健康，身体健康。

4. 性格品质：积极或消极。内向消极易生病，外向积极易成功，中性被易被认同。

热情是对他人的积极品质，自然、真诚、和蔼、可亲才会处处受欢迎。人内向就容易消极，外向就会积极。内向、孤独、冷漠是各种精神疾患的起因，每个人都要按自己的智慧适应一切发展。

个性功能包括，自我功能、资源功能、社会功能。提高自我功能，能够提高适应生存的能力。

每个人的人格平等但价值不同。大多数人的智商在 99 ~ 100，人群中 40% 的人比较聪明，40% 的人智商低，10% 的人愚昧，但只有 1% ~ 3% 的人能在拼搏中创业成功。

性格评鉴包括，差异性（承认不足，与别人的差距），优劣性（自我缺点），发展性（自身最大能力）。

成功需要认识和发挥。个性特征与自我能力相适合才会成功。

未来是属于心态平和，自信有能力，能智慧升华与众不同的人。这种人在创业上有独特天赋，能独立地创造自身价值的无限财富。

人的个性特征有外向型、内向型、稳定型。外向型的人，充满激情创业意志。名人的成功，在于在创业中始终保持静心平和的超越心态。

自我意识是对自己本身的一种意识。它是由自我认识、自我体验和自我调控等构成，如对自己的心理特点、人格品质及能力和自身社会价值等自我认识评价，对自我情绪情感的体验如自信、自爱、自卑和自暴自弃等，对自身的心理和言行主动进行调控。

欲望产生拼搏动力。自我的产生和发展过程，是个体生命融入社会进行发展，人格特征形成的过程。自我意识是人格结构中的组成成分，是一种自我调节系统。

从精神卫生学角度，人的心理现象之间是相互联系的，心理过程是心理现象的动态表现形式；人格是在心理过程中表现出来的特点及稳定的心理倾向与心理特征。每个人都在追求欲望的满足，心理现象的两个方面是融通、紧密相连的。

　　健康的人处于心理生理的动态平衡之下，这就是"内稳态"。由于人和环境的相互作用，生理心理需要时间满足，是为了维持内稳态，通过神经系统的指挥来进行复杂的反馈性调节，产生内驱动力，构成行为的动机，组织一系列动作满足需要，以恢复平衡心态。

　　如果心理生理动态变化失调，超出个体限度，不能自动恢复时，就会表现为精神心理生理功能失调症状，形成各种患病状态。

　　人体反射弧包括：感应器—传入神经—中枢神经—传出神经—效应器，神经有意志力，反射才会正常，否则就会影响神经传导，造成精神指挥失常的心态失衡现象，出现身心非常紧张、特别累的痛苦感觉。

　　从精神心理学的角度来讲，心理平衡指的是处于心理与生理的动态平衡之下的"内稳态"反应。情绪是指人体在受到各种环境与压力下所出现的精神心理与心理生理的一系列反应。

　　心是最强的药。人体的各种情感会产生各种情绪，好的情绪会使心理平衡，达到身体平衡的健康目标；坏的情绪会影响心理健康，破坏心理平衡下的身心健康。

　　安心就是强大。内心强大的人，不容易患上精神心理与心理生理疾病。健康的心理平衡需要及时释放压力的情绪来获得，身心健康需要靠自控能力，如果每个人时刻能掌控好情绪，就能让身体达到心理平衡健康的最终目的。

　　美国密歇根大学心理学家南迪·内森在一次研究中发现，一般人一生平均3/10的时间处于情绪不佳状态。所以，人们要学好心理学，让自己天天保持好心情，以内稳定的心态，及时清除心理与生理中互相产生的不良因素。

　　美国心理学家沙赫特与辛格在面对情绪如何发生的根本问题，由于情绪具有异常、复杂的及普遍存在性提出的。他们认为情绪的产生养分在于环境事件中刺激因素；心理状态中的心理因素；认知过程中的认知因素。

　　我认为情绪源于情感变化，而情感正是人类生命本质真善美的反应。掌控不住情绪，就有可能让一生难以挽回的健康生命财富受损。掌控情绪，认清心理现象，静心平衡，才能使人生在理智地认识原我价值心态的状态下，获得生命处于"内稳态"的健康收获。

厘清角色心理　化解矛盾危机伤害

人生位置决定所处社会角色，心理患者的角色是从各方面与自身心理与生理发生过激冲突中所产生。如对父母的角色期望是爱护、关心帮助子女实现人生的希望；对老师的角色期望是循循善诱，把真才实学的知识传授给学生；对医生的角色期望是医德高尚、医术精湛并倾注爱心的行为。如果在这些方面没有达到人的心理要求，也会产生心理的抵触情绪，产生心理偏差，而导致各种疾病。

心理学专家、清华大学王龙教授认为，充分的理解沟通才会成就快乐人生。生活中许多事情特别复杂，我们听是一回事，听见是一回事，听懂确实另外是一回事，听懂并实践才是真的明白。

学会沟通学首先要有一双听清话的耳朵。强势的建议也是一种攻击，有时即使我们说话的出发点是善良的、是好意的，但如果讲话的口气太硬，并且不分场合地点，不注意对方的感受，对方听起来就会像受到攻击一样，心理会产生抵触，很难受，很不舒服。

人生最大的学问就是会说话。会说话、并善于沟通的人，就能很好地为人处事。从一个人的举止言谈中就能判断，这个人的整体素质及有无正确的思维。每个人的一生都不容易，当我们遇到生活困惑，或在拼搏过程中受阻而内心纠结时，要主动与去找与自己心灵相通，并且善于沟通的人交谈。只有把自己的真实想法倾诉出来，内心才会得到平衡与安慰。

说话要讲究分寸，自己懂得的要谦虚少说，不懂的不要乱说，无话时不要乱说废话。谨言慎行是防止产生烦恼，从主、客观上避免产生焦虑型思维的有效方法。

　　心与心的交流是人世间和谐生存的重要保证，因此了解别人的内心就成了与人打交道中最重要的途径。管好自己的事与言行最重要。当你一旦不慎进入生活的战争，如是非、恩怨轻重、得失等心理漩涡，就会让精神心理受到伤害，导致精神焦虑，心情压抑而不得安宁，从而失去健康快乐的生活。

　　生活中我们不要与无视自己的人纠缠，也不要期望有很多人能关爱自己。通常，人们对事不关己的事是冷漠的。人生不容易，要学会避免与患有深度精神心理反应，以及自私、无情、毫无怜悯之心的人发生冲突，要及时读懂他人心理的苦楚。面对人生是非之地，学会装糊涂让心轻松，学好回避忍让的心术，才会让生命彰显出自由无忧的幸福本性。

　　每个人走的路不同，所以道不同不相为谋。过度的善良会表现为懦弱，容易被人看不起。对各别自私无情的人来讲，过度善良就如同傻子，对他们来说仿佛就像是一块肉。但我们的内心一定要提高警惕，别被善良的外表所欺骗，有时善良的背后是阴险无德的恶毒。但请记住，心怀鬼胎，欺负弱者犯下的罪恶，终将会如数奉还。

　　心理学家、清华大学王龙教授对心理学的论述非常细腻、精准、透彻，讲出了许多令人赞叹不已、神奇的内心升华之道。心理学是做什么的呢？心理学就是让人开心的一门学问，心理学就是研究你周围的人在想什么？进而研究你做什么能改变周围人的想法。假如你知道周围的人在想什么，你做什么能改变他的想法，那么无论在工作上，还是在生活上都会让人们变得开心快乐。

人生美景似仙境，心静自然平衡。那到底什么是心理呢？说穿了很简单，有一句话叫心静如水。心理就像是一盆水，每个人的心里都有一盆水，当水面平静的时候，我们眼中的世界是客观的，因而能准确地判断问题，做出的决定也合乎逻辑，可当这个水面晃动的时候，我们看到的世界就不客观了，就会出现误判心理现象。

静心平衡，才能看清自我的内心反应。心理学上有个说法叫"当局者迷，旁观者清"。当自己遇上事的时候，情绪容易变得激动，如同水面晃了，很难冷静地分析事实，可如果是看待别人的事我们就会客观而平静，能够建议他人应该怎么做。学习沟通重要的目的，就是当我们心中这盆水在晃动的时候还有能力听得到，还有能力看得清，沟通能够让我们对主、客观世界有个真正静的观察与了解。

心是内因"神"的灵魂。当一个人生气时，应该让他慢慢地说，越说越慢，心情也就跟着平静下来了。所以当一个人情绪激动的时候，他心里的那盆水正在哗哗晃着的时候，请不要和他说让他不能理解的事，此刻若能静下心来倾听对方的心声，等于给对方进行心理按摩。内心平静无波，理解安慰对方就能打开他心中的天平，让彼此平心静气，静心醒神，这是每个人生命的共同归处，也是沟通的第一步，这是与他人进行和谐沟通的最佳基础。

生命中有大爱的人，才能追求大成功。人生就是一场清心醒神的拼争，每个人都是从生到死，没有从死到生的过程。为幸福拼搏，是生命中开出最美的才华，拼搏前要评估自身对目标的追逐能力，特别是有远大理想追求的人，拼搏时要把目标定在力所能及的范围内，让自己在静心无限的情绪中，有把握在心情舒畅、精气神充沛下实现最伟大的事业成功。

静心平衡，把一切看开，才能化解危机伤害。保持健康是人生最大的智慧财富。当一个拼搏者遇到重重阻力、心烦焦虑时，千万不要看重损失，总想后果，不想成功。要懂得，用心付出的东西，一旦无法挽回，也不要怨悔，怨悔只能让身心更加痛苦无助。

强者视己如神，对待各种挑战尽心去做，静等成功的发生，不畏内外压力勇于去面对一切挑战。遇挫折抑郁恐惧、想不开、莽撞处事容易产生崩溃心理，让自己的身心健康在危险的死亡边缘徘徊。

人生的成功幸福在于主宰自我的思维。生活中，当我们遇到无法面对的人与事时，就要斩断"虐心"的危机根源，及时保护好自己的内心世界。其实每个人的内心都有贪婪自私、让自我跌进陷阱的一面。我们就是要通过认清心理现象的方式，把贪婪欲望压制下去。

现实中，许多贪婪者会把钱看得比命都重要，整天脑子里装的只有钱，像"钱虫子"一样不注重身心健康，一门心思为钱活着，更不懂得用挣来的钱使自己身心健康并回馈社会。不知把钱花到有用的地方才是实现钱的价值。视钱如命，但钱只是纸，而钱将成为武器令所有贪婪者被人民币"毙"掉，钱也会成为令人一步步失去自由，一步步走向地狱的通行证。

在现实生活中，经济问题是造成人类巨大的心理障碍的主要问题之一，也是每个人在生活中必须睿智面对的大问题。美国著名理财顾问大卫巴哈就夫妻理财问题指出："夫妻的财务就像一架双引擎飞机，如果两个引擎的马力不一致，飞机就会出问题。"

厘清角色心理，化解矛盾危机伤害。夫妻是共同生活的缔造者，夫妻关系应该和谐，要相互宽容尊重，互补、互诉贴心的话。理财与创造财富同样重要，此生不搏待何时？成功是每个人的幸福渴望，要想成功，就要有舍我其谁的强者风范。当拼搏者即将创业用钱时，任何人都不理解的时候，应该大胆地掌控使用。因为干什么都不易，干什么都要付出成本。

人字简单但难做，心字简单却难懂。人生成功最难得，也可能只有一次。当庸人不懂智者的心时，要及时亮底牌，拼死一搏，会让对方服从。人没有恒心意志力，不可能成就伟业。每个人学会经济学才能让财产生财，个人与家庭才能驶上致富的幸福快车道。

化解矛盾危机伤害，逆境中更要看开一切。我们在生活中最应该看懂和听懂的应该是自己的心；而最难懂的正是主观以外别人的思维与行动。一个人要想看清一切问题，首先就要看清自己周围的人与事及环境的变化，站在对方的角度看问题，正确地判断对方的情绪变化原因，这样才能从主观上调整好情绪，谨言慎行地应对客观压力，及时看懂和听懂心灵深处的呼唤呐喊。

认清自我心理，就要在说话时注意客观、体贴入微，做事上要耐心仔细，不要给自己设定时间或各种目标的"坎"，要学会善待自己的内心世界，及时宽容理解自己的无能为力。通过心理学智慧，厘清角色心理，有效避免心理及生理受到重大伤害，让生命处于稳定的自我掌控健康状态。

通过理解沟通来达到心态平衡。心态是人们情感的意志行为，而沟通是让彼此心态中的情感、观点产生统一的认识观点、统一的行为。学习心理沟通，就是要用眼睛学会观察客观环境中事物变化的原因，用耳朵听懂其他人内心的真正想法，用正确思维及时应对，避免心理受到矛盾危机的伤害。

学习应用心理学的目的，在于心底纠结的时候，我们还有能力控制自身的情绪，看得见、听得清各种生存环境中人与事的反应。生活是一个时刻厘清角色心理，让生命处于"内稳态"的生存过程。每个人的生命能力都是有限的，我们能改变的很少，更改变不了这个世界与其他人的各种言行，但我们唯一能改变的是适应一切环境的心态。

静心平衡，才能厘清角色，化解矛盾危机伤害。这个世界需要我们有去适应改变生存环境的心理态度，而不是世上的一切为我们改变。人生过程中要懂得从灵魂深处坚强地的面对复杂的人生变幻，打开思维能量，及时清除内心的压力困惑，才会让生命健康幸福充满阳光。

升华弥补　是高水平心理宣泄

从心理学角度，升华是指对个人情绪能量能够和平、合理的利用，以达到将个人能力全部发掘出来的状态，也是一种最高的心理宣泄，把多余的能量及情绪引导到一个正确的方向上去，让它具有独特的创造性成功。补偿是指当一个人某方面的功能或能力不足时，可以用另一方面的功能或能力来弥补。

当我们来到这个世界时，就开始了漫漫的人生旅程。人生最珍贵的是幸福，最重要的是健康，最无价的是时光。如果每个人都能把精力用到对人类、社会都有利的创新中，就会把不良情绪升华成激情灵感，成就让人可歌可泣、赞叹不已的高水平心理创作的情怀。

逆境升华。德国作家歌德在年轻时因失恋而倍感痛苦，此事曾一度成为他的心结，甚至想过一死了之。在复杂的人生过程中，心结都是自己结的，需要自己在一个又一个心结中感受成熟，用心理智慧成功破解。于是他在倾注了无限的爱

心与烦恼中，在极端逆境中升华创作了世界名著《少年维特之烦恼》。

一个人能够成功运用心理防御机制，就能把自己不良情绪升华到有利于人类社会的高度，造福于民生。当年有一位游手好闲的英国青年谢灵顿，在街上遇到了一位让他心动的清洁工，他曾皮笑肉不笑地向她求爱。但清洁工看到他是一个"小混混"，于是很瞧不起地对他说："你这是癞蛤蟆想吃天鹅肉。"当时谢灵顿很无奈、很气愤，想来想去，他决定好好学习专业知识。功夫不负有心人，经过十多年的潜心学习，最终通过实践升华为让世界瞩目的著名生化学家。

人生最重要的是把握今天。高水平升华弥补是心理意志及时宣泄的表现，不是普通人可以完成的。生活中有目标、有追求，才能激发自身的无限潜能，改正自身的弱点，越是难险越能很好地保护好自身的心理健康，用激情升华智慧，时刻激励自己，就很有可能成功。人生复杂多变，难以预测，而人生就是一个找准位置、自寻苦乐的适应过程，人生真正需要改变的正是最难改变的自我心态。

良好的心态是成功幸福的源泉。人生有苦，待到苦去甘来时，方知苦为功。人生的关键之处在于心理意志的坚强升华，成功需要非凡的胆识与气魄，而真正能够把握好机会创业成功的人，不是别人，正是自己。世上伟大的成功者都是在极端逆境下，用智慧的心理升华战胜灭顶之灾的。

每一位伟大的成功者，都是经历了九死一生的考验与内心坚强拼搏后获得的。拼搏的征程如同人生，会遇到许多不测风云，如同人有旦夕祸福一样。每个人内心的坚强都是在各种失败中，靠精神心理意志上的睿智与失败教训中升华形成的。

所以说升华弥补，是高水平的心理宣泄。人生学以致用智慧，才能让生命闪光。正像有的人在巨大失败后，产生一蹶不振的心理而颓废一生，而有的人在致命打击下还能及时祛除懦弱绝望的心理，从而产生强者自救的良好心态与英豪气场，最终改变命运，获得人生辉煌与成功幸福。

第五节

心理暗示　是下意识激发潜能

暗示，下意识激发潜能。从心理学的角度来讲，暗示就是下意识受到自己或别人言语、行动的影响。受自己影响叫自我暗示，受别人影响叫他人暗示。这种暗示可以是正面的、积极的，也可以是负面的、消极的。心理学有一个著名的法则——预言的自我实现（或自我实现的预言、皮哥马利翁效应、罗森塔尔效应）。

猜疑是一种消极的自我暗示，它是缺乏根据的猜测，会影响人对事物正确的判断。一些患者对诊断表示疑问，主观上不情愿得病，常有"我实际上没有病""我怎么会得这种病"等想法。猜疑是一种不良应激反应疾病，疾病既然已经伤害了自己，为何再去伤害别人。

猜疑还可以涉及整个医疗过程，这种疑心病会对治疗、用药、检验等都有猜

疑反应，听到别人低声细语，就以为是在议论自己的病情，自己心理负担便会加重，认为自己没救了，对别人的好言相劝也半信半疑，曲解别人的意思，总担心误诊，怕吃错药、打错针等。

这个世上，许多人的不幸悲哀，都与不懂医药学有关。由于缺乏医药常识，自我异常感觉，在胡乱猜疑下，心情紊乱，坐立不安，产生种种自我暗示的心理矛盾，如"我怎么能得这种病，为什么别人不得？""同样的肿瘤病，别人为什么是良性的，我却是恶性的呢？""我没得罪老天爷，为什么降罪于我？"等。

自我心理暗示比如医生治疗高血压，当医护人员给住院患者发非常精致的药片时，说这种药是当前治疗高血压最好的药时，患者没有等吃药，就对这种药产生了好感，认为自己的病有救了，所以心情会特别开朗，疾病也就好了一半。

暗示会让生命重生。本人经历过一个让人难以相信的暗示治疗经典案例。有一位医学专家对乳腺癌患者手术后表示："你的乳腺癌其实是良性的，不是恶性的。当我们手术时，才发现是我们诊断失误。"医者话语真诚，让患者感到很庆幸，总开心地笑个不停，不但不与医院理论，而且由于心理阳光乐观，手术后的伤口迅速恢复，也让她从此内心充满健康乐观的生命幸福阳光。

压制住怒不可遏的愤怒，也是强者自我暗示的一种。生活中让我们看不顺的事很多，压抑不住自己的情绪时也会有不理智的言行。有的人在生活中可以为一些小事而发大火，也可能为自己不能处理某些事而恼怒。这种愤怒常伴着自己认为患病是不公平，是倒霉所引发的。

看开是生命健康的良医良药。人在心理情绪极其紊乱时，才会出现大脑一片空白的莫名怒火。这种莫名的怒火是潜意识的，如幼儿期所出现的无理由的攻击性行为，可向周围任何人，如亲友毫无理智地发泄。我们应当认识到这种受疾病折磨而出现的易激惹状态是患者的正常心理反应，我们要用有足够的容忍力帮助患者远离心理崩溃的危险。

生活中不合理的事很多，我们应当认识到这一点。与其说是用暗示的方法补偿自己，倒不如说面对现实改变自己。比如说，名人用过的东西叫"文物"，凡人用过的东西视为"废物"；名人强词夺理为"雄辩"，凡人据理力争为"狡辩"；稻子和麦穗大片大片长在地里叫庄稼，一小把挂到城里就叫艺术。生活有时候就这么不讲理。

暗示补偿法是相信自己一定能行的心理战术。有一次，单位进行乒乓球比赛。我的水平与另一位医生的水平不相上下，但我先暗示自己，我有实力能战胜对手。同时，我在比赛前先热身，熟悉赛场，当对手与我比赛时，我先用技术制约了对方的发挥。打乒乓球是技巧与心智的较量，当打到第三局我以 7:10 落后的情况下，我也非常镇定，暗示自己一定能赢，最终以 3:0 的比分战胜了对手。

人生是一个发展自我能力的大舞台，任何人的成功，不在外表，而在内心强大。成功的心理是在极端逆境的考验下见证的，不经历风霜雪雨的洗礼，雷电风暴的摧残，各种无情漠视的打击，意想不到的理想破灭，心理在痛苦与怒火中仍能重生的人，才是真正的强者。

医学的最高境界就是哲学。我们医生就要用爱心为患者治疗各种各样的疾病，及时解答那些让患者不理解的医学知识，从而让每个人的心理都达到自然平衡的健康生存状态。

从心理学角度来讲，自我暗示一般是在生活中遇到各种各样的事情时，包括让你开心、让你沮丧的事。人生无论遇到多大的幸运、多大的坎坷，都要把心放大，学会让自己理解地规劝自己，给自己美好的心灵一片休养生息的栖息地。否则，你若恨，哪里都可恨；你若成长，在苦难中成长最快。

从医学的角度来讲，人在不同的情绪状态下，体内外分泌腺体会有相应的变化。如人在过度悲伤或过分高兴时往往会流泪，而焦急或恐惧下容易出虚汗等。当人体产生否定情绪时，就会出现意想不到的抑郁、恐惧、焦虑、心情不愉快等现象。不良情绪会抑制植物神经的正常运转，导致唾液腺、消化腺的活动和胃肠的消化蠕动减弱，从而感到口渴，出现食欲减退、消化不良等症状。

与此相反，神经兴奋会让身体每个细胞都处于兴奋状态，如消化腺的活动增强，促进唾液、胃液、胆汁的分泌，不会感到咽干口渴，不思饮食。神经兴奋也会促进生命体征新陈代谢旺盛，有无穷无尽的幸福追求，产生愉快的情绪。

读好书，等于接受百科大学的高等教育。我是从事中西医药事业四十多年，若不能将心理健康经历、经验展现出来，就将失去自身升华价值。我坚信《静心平衡》系列图书，能够给大家带来精神快乐，为身心健康打开幸福之泉。

智慧在重压下会产生叠加能量，每个人在拼搏过程中会出现许多盲目的失误，但人生若能理智地找准位置，自寻其乐地进行创造，就会将自身潜能的独特才华发挥出来，实现最高价值，无愧于自己最珍贵的生命。

用升华暗示的科学方法，增长干事业的自然平和心态。无论生活把我们推到何处，我们都要坚信自己的生命是为成功幸福而来，遇到问题多用脑子思考，这样才能将自身的潜能升华到极致。在遇到各种挫折时，多暗示自己一定能用静心升华智慧战胜一切。

智慧暗示是一种积极可靠的最强心理支撑。心态好是智慧的作用，心理状态调整好，各种矛盾才会少，这样无论对自己、对亲人、对同事或领导，对成功目标的执著拼搏，都会起到无以伦比的内心支撑作用，实现生命最健康幸福的生活。

人生若能够时刻暗示自己能行，就会使内心强大，并且理智坚强地找准人生位置，自行其乐地进行潜能创造，把自身独特的才华发挥出来，实现最高生命价值，从而不愧于自己最珍贵的生命。

第四章

学会遗忘转视　享受幸福无边好生活

　　遗忘转视是笑对生存环境压力，内心升华的智慧表现。遗忘烦恼，转视幸福，正是每个人一生渴求的希望。心似花园，幸福无边。人是万物之灵，也是最善变的动物，人的眼睛为什么长在前面，就是为了向前看，向前想，享受每一天好心情。

第一节

遗忘忧伤烦恼　是内心成熟的表现

成功幸福是每个人一生的追求，但成功不会给弱者机会，成功者需要有静心平衡的思维智慧，需要遗忘深入骨髓的痛心伤害，只有自己脱胎换骨地转视美好才能获得成功。心理成熟的智者，会用积极转视的眼光，看待挫折所带来的质的飞跃。静心是超凡境界，挫折的意义在于它能够告诉我们用某种方法是行不通的。

每个人的成功，都是从失败的教训中获得的。大发明家爱迪生在发明电灯泡时尝试了两千多种方法，每次都有人替他惋惜，劝他放弃。可他却用遗忘转视的

心态告诉自己："我没有失败，我知道了这种方法不行，我还要换一个方法"。

心里有大爱的人，才会痴情地追求。挫折会促使我们心理成长，塑造坚强的人格特质。很多人的前半生非常顺利，心理并没有真正地成长起来，如果能在学以致用静心平衡的大智慧中，读懂了生命，在遭遇了人生意料不到的重大坎坷后就会突然变得成熟，变得坚强自信起来。

遗忘转视是改变不良心情，获得幸福成功的保障。每个人在生活中，不论遇到多大的灾难痛苦都要下决心坚持住，遇事坚强，坦然面对挫折，不但是为了自己，也是为了所爱的人，更为了未来的美好生活。因为它是从精神心理中提炼出的非凡境界，更是智慧与坚强的品质象征。

从医学的角度来讲，人的一生中大脑储存了大量的信息，而那些强烈的刺激信号在大脑中印象特深，有些强刺激信号有利于人生成功、身心健康，而有些信号则会产生负面影响，使人颓废丧志。这种现象是大脑中无法分泌出管理情绪的因子所造成的，它会刺激全身细胞，危害身心健康，导致思维混乱，满脑子只想烦恼悲伤，让精神心理处于压抑状态，使免疫力下降而疾病缠身，产生无法生存下去的自弃心理，对生活失去兴趣后，自毁生命前程。

每个人首先要遗忘年龄。人的生理年龄不可改变，但精神和心理年龄是可以改变的。按目前最新的年龄划分标准，65岁以下是青年，66岁到75岁是中年，76岁至120才属于老年。只有静心平衡对待世间变幻，才能让自己即自信、又聪明，身心无比健康。拥有大爱于心、永远拼搏的智慧，才会永葆生命健康的激情活力。

保障身体健康最好的卫士是自身的免疫系统。医学证明，99%的疾病与免疫系统功能低下有关，健全的免疫系统是无药能比的，不学会遗忘转视烦恼悲伤，就会使自身免疫系统的功能下降，导致心神不定，心情不好，从而产生各种各样的精神心理与心理生理疾病。

成功不是在钱上先获利，是先塑造一个坚强意志下的静心世界。我们在拼搏事业的过程中要遗忘名利，把名利看淡是一个人精神健康、心理成熟的标志。整天为金钱名利打转的人迟早会掉进自己挖的深渊而追悔莫及。创业过程中经济损失是让人最痛心的事情，过去的就让它过去，想是没有用的，就当为生命幸福学习交的学费，你纠结的心才会豁然开朗。

每个人不能把钱带入坟墓，但钱能把人带入地狱。除了健康快乐是属于自己的，其他的都是身外之物。没挣太多钱也不要后悔，基本够花就行。我们要当乐天派，"心静自然凉"才能更长寿。及时转视遗忘，用坚强的内心接管复杂而脆弱的生命，否则会出现，钱没挣到、得脑瘫不能动，生不如死的下场。

现实生存中的各种压力破坏了我们正常的心情，使我们难以驾驭好自己的情绪，从而产生焦虑、抑郁、恐惧、分裂等不良心理活动，导致我们失去了平和心态的幸福生活，甚至生命，给亲人及朋友造成难以磨灭的心灵痛苦。如果我们学会用心理调节知识，就能通过遗忘转视的方式，减少不良心情的发生与发展。

人在大病后、临终前，最明白应该怎样活最美好。轻度的抑郁患者通过自身坚强的乐观言行可以恢复，而对于重度抑郁症患者会有一种负罪心理，常出现幻觉，亲人与朋友应尽早帮助他解开心理"疙瘩"，或找心理医生针对病因及时疏导，加以矫正，以避免失控后的可怕悲哀现象的发生与发展，重启每一天的好心情。

学会遗忘转视，是生命健康的最大艺术智慧。患了焦虑抑郁疾病人的心情，如同一只小绵羊被拴在大灰狼身旁那样，整天魂不守舍，提心吊胆，时刻不得安宁。生活不是梦境，生活中我们对痛苦的感受深切，对现有幸福却很麻木，甚至不去想。因为触及我们心灵的幸福与痛苦是相互并存的，认不清正经历的痛苦，就会让心中的"神"游离体外，无法看清自己已拥有的健康幸福。

长寿在于健脑 心情愉快脑不伤

心宁静而致远。中医认为，长寿在于好心情，在于脑健康。脑藏神，心情愉快有助于脑健康。如焦虑、抑郁会造成精神紧张，思维紊乱，意志衰退，心理退化，形成心理弱残，新陈代谢迟滞，容易远离现实生活，从而导致经络气血功能失调而加重各种精神心理与心理生理的疾病。

智慧思维改变命运。静心发呆转视缓解内心压力。从医学的角度来讲，发呆是一种让大脑处于安静休息的健康状态，通过转视而收拾好心情，以全新视野投入新征程。发呆转视能起到在无意识下的自我休息调整，在内心安静的情绪下找到失去的自我情感，看到美好未来。只有内心自由愉悦，身心才会健康舒展。

美国心理专家马丁·塞里格曼提出"积极的力量让心可以永恒"。他认为，

好心情是可以通过调整心态来获得，面对失败挫折也可以通过学习成功经验来弥补。人生是一个多灾多难的生存过程，特别是为伟大理想而拼搏的时候，应当采用正确的思维。遇到挫折后，既要坚强遗忘面对，又要为自身健康幸福，转视美好的未来。

读懂好书，人生没有怨恨。怨恨是一种心态不平衡的表现，过度怨恨会造成气血不畅，产生神经系统疾患及心脑血管疾病。人与人之间没有过不去的"心坎"，认识就是缘分。过去的不愉快就让它过去，就当没发生过，只有心平气和，放下怨恨，才是宽容彼此最好的方法。化解矛盾的最佳办法是，用更深的爱心与帮助，让对方感受到真情，只有这样才能祛除萦绕在彼此心头的痛苦烦恼。

生活中我们要遗忘疾病，同时用有效的方法治疗疾病。从医学的角度来讲，人类疾病主要来自基因变异、环境、食品、药品的污染及精神污染。生病并不可怕，人的一生都会生病，我们要用好心情战胜疾病。在疾病的治疗中，精神疗法约占60%，传统治疗仅占40%左右。

遗忘转视是长寿健脑，获取健康幸福生存的最好方式。生活中不良的心态及不良的生活习惯，是导致身心疾病的隐形杀手。特别是恐惧的心理、焦虑的情绪都会使人体的免疫力迅速下降，造成病上加病的后果，所以重大疾病往往会造成一害自己，二害亲人的严重后果。

对待疾病，要做到早预防、早发现、早治疗。对于已患病的人，要想得到健康幸福，就应该放松心态，不要没事总琢磨疾病的后果。自己要对疾病做到心中有数，该预防控制的，要雷厉风行，坚决照办。要相信现代医学，要相信运用科学知识与实用疗法，会把疾病治好。

生命中时刻关爱自己最重要。遗忘转视是人类自我释放的洒脱，也是人类健康幸福快乐的准则。人生在世，十有八九不能随自己心意，我们控制不了大自然的千变万化和形形色色人的一切举动，我们唯一能理智地控制的只有自己的心态，应该学会遗忘各种烦恼。

我们每个人都应该明白，不是世界选择了我们，而是我们选择了这个世界。生活中，无论多么猝不及防的打击把我们推向苦海的深渊，天地万物间依然美好。人类与自然相比，只是落叶一秋，地上冰霜，面对灾难我们应该把一切看开，才能获得精神快乐，身心健康。

关爱生命，注重健康。聪明的人在遇到重大挫折后，能够及时地遗忘烦恼，转视幸福，能够及时调整自己的心理状态，不畏惧任何艰难险阻、惊涛骇浪。应该下决心绕过心底的暗礁，搬掉压在心头的大山，从而加快实现一生中想成为什么样人的人生目标。

内心阴暗的人托不出阳光般的笑脸。对于有心理疾病不会遗忘转视的人，心理有多痛苦脸上就会有多难看，而人体的各种疾病都会在五脏六腑、四肢五官上表现，特别是造成"苦大仇深"的面容。这些人正是一些精神心理不健康、心胸狭窄、小心眼、遇事想不开，好钻牛角尖的人。这种内心失去阳光的人，是经不起大风大浪考验的。

长寿在于健脑，心情愉快则脑不伤。这个世上，不是弱者难以生存，而是面对烦恼悲伤，能够遗忘转视希望，静心平衡、惬意生存，遇到任何事都能想得开的人，这才是能够适应一切生存环境的强者。

第三节

转视叠加视觉　是内视自守精神品质

从医学的角度来讲，眼睛是人体的第二生命。生活中的遗忘是指将过去或现在给我们精神心理及心理生理所造成的各种伤害遗忘掉。从心理学的角度来讲，人体在精神紧张的状态下，才会感觉心理特别累的痛苦。

人生要想活得充实，活得轻松，就必须学会遗忘各种烦恼的纠缠，这样才会达到神经放松的状态，身心愉快地投入到今天的快乐中，为明天的幸福做准备，投入到追求希望幸福的各种各样的竞争变化中。

转视是指有的时候，对待同一现实的境遇，如果从单方面的一个角度来看，会引起消极不良的情绪体验，从而陷入心理矛盾的困境；而从另一方面的角度来看，就可以发现全面的积极意义，这种换位思考方式，能够充分理解双方的情绪根源，会使消极的不良情绪转化为相互和谐的积极情绪。

世上没有一种力量比宽容更伟大，没有一种方法比思维更有能量。 遗忘转视是人类及时解除心理疾病痛苦的最佳方法，我们每个人都要有头脑地生存。始终要牢记，宽容别人就等于宽容自己的生存大道理。我们要时刻清醒地用言行，去遗忘转视那些让自己心理不健康的人与事。

在生命过程中，时刻关爱自己最重要。 生命是一个在繁杂的自然界中追求幸福生活的过程。生活中每个人都要经历困苦与挫折，若把精神心理伤害放在心上，把烦恼记在脑子里，把怨恨写在脸上，把愤怒不平藏在眼中，又怎能走好人生路。我们时刻都要把眼光放远一点，精神开朗、心情愉快地生活。注重内敛自守的培养，心若自守，言行优雅，这样才会收获身心健康幸福的心灵栖息地。

转视叠加视觉，是为了让生命更加轻松有底蕴，让内视自守的高尚精神品质发扬光大。人生不把握好遗忘转视，就会在生活空间造成空间焦虑症反应，产生不良的心理情绪，导致精神心理与心理生理疾病的产生与发展。

我认为，生命是一个赤条条地来，最后连根草都带不走的存亡过程。每个人来到这个世上、都是为追求成功幸福而来的。人生要在苦海中磨砺坚强，寻找幸福，在尖酸刻薄中学会承受，坚定方向，在发挥最大潜能改变中创新属于自己的生命价值，获得成功幸福。

生命是一个找准位置、自寻其乐、适者生存的过程。 心态会随内在心境与外部环境所影响而产生情绪及情感的变化。内心的状态就像是大海的波涛一样，汹涌澎湃，适应生存的人能在生活中找准自己的位置，顺其自然地静心生存。而心神不定、找不到自身位置的人，会被大海以大浪淘沙的方式吞没抛弃。

从医学的角度来讲，人体在巨大的精神心理压力下，会造成机体免疫力下降，体液减少，内分泌紊乱，出现吃不香、睡不着的各种疾病表现，从而使神经处于高度紧张之中，使精神心理疾患、心脑血管疾病接踵而来。每个人都要学会用转视叠加视觉，保护好内视自守精神品质。

心有多静，福就有多深。对人生的幸福与苦难而言，没有超越自身弱点的勇气，内视自守看开放下一切的精神品质，是永远无法保持一颗智者的乐观心态。生活中没有对生命最高境界的静心感悟，以及宽阔的内心情怀，就不会在繁杂的世界中，是非恩怨里保持静心平和的美好心态。

关爱生命，从珍惜已有的美好情感开始。生命中的华丽转视是让我们不要把钱看得比什么都重要，要懂得，世上最真实的情感是花多少钱也买不到的财富。在利益竞争的过程中，有的人为了金钱甚至不顾一切，丧失自己已有的最真情感，不择手段为己谋利，当这种人失去真情后，即使得到了全世界，也将一无所有。因为亲情、友情、爱情，是人世间最美的情感，是获得精神快乐、健康幸福的美好源泉。一旦失去，将追悔莫及、很难挽回。

为爱自己而改变 内立其心外立其身

　　爱自己，不是自私，而是一种高尚的心理素养。人生学会为爱自己而改变，才会带来身心健康幸福。每个人要活在自己的心目中，不要为讨好别人而活在别人的眼里，更不要让自己的内心空虚，过着傻透腔、哀大莫过心死的生活。

　　每个人的人生经历、生活环境不同，所以各方面都会有差异。比如说，你想让另一个人成为你的朋友，你尽力开导他、帮助他，他根本不听，你费尽心思的好话说完了，但他一点没听进去，他根本不想成为你生活的一部分，更不是你的同路人，对于这种人越早放弃，越会少受伤害牵连。

为爱自己改变，是家长打开心中死结的关键。每位家长都是尽了一生最大的责任和努力来养育孩子，给孩子一生最好的投入，并帮他们尽早实现自己梦想。但是有许多家长只是给孩子一个健康的身体，乐观的性格，以及将来适应社会变化的责任心，对于孩子长大之后的事业成功、成家还是需要靠自己的能力去解决。

授之以鱼，不如授之以渔。现实清楚地告诉家长，孩子的主动学习意识应该靠家长去引导培养。从小就视线不离地包办孩子的大事小事，反而不利于孩子的成长需求，这样也会扼杀孩子心理的拼搏意志，还会成为孩子不能独立生活，事业不进取成功的杀手。

娇生惯养孩子是毒药。 家长要从小培养孩子好好学习，吃苦耐劳的良好习惯，孩子成家立业的财富要靠自己创造，如果每位家长无能为力，整天想为孩子解决自身难以解决的问题，就会造成难以自拔的痛苦绝望心理。

身心健康，需要静心面对。 当一个人陷入绝望、想不开时，用关爱自己的心态，处处都往好处想，就能想开。当一个人的心理生理出现不良改变时，应该内立其心，外立其身，怎么对疾病恢复快，怎么舒服怎么来。

从灵魂深处教育，孩子才会快乐成长。家长想要培养出成功的孩子，要从小教育孩子懂得人间真情，好好学习，注重德智体全面发展，并学会自食其力，面对逆境要勇敢。用身教胜于言行，引导孩子树立正确的人生观，做人要有责任感，不做违法乱纪的事。用智慧发现孩子一生最大潜能，在身心健康的基础上，尽全力支持孩子实现梦想。

心量越大，幸福越深。 在极端逆境下，有的人为爱自己而转变，睿智坚强地绕过了心理的巨大暗礁，挺过了生命的灰暗期。意志不坚的人则在希望渺茫时，在巨大的压力面前一蹶不振，选择非常错误极端方式来自残生命。这种在精神崩溃边缘发疯的代价就是毁灭，这也是心理患者不会爱自己的表现。

静心是一种高尚修养。 心理健康的人应该选择爱自己身心健康的智慧方式，知己就是静心，来面对巨大的挫折给我们精神心理及心理生理带来的巨大无形的压力。不懂得爱自己生命健康，内立其心，外立其身的人，感受压力会如同大气球一样在体内集聚，随时都会爆炸，造成生命处于危在旦夕的消亡危险之中。

静心平衡的心理，是指每个人在生存过程中，精神心理上的反应，及生理上感受而做出的心理调整。心理健康包括意志上的刚毅与心理上的坚强。心理与生理如同手心与手背一样，遇大事要冷静思维，越是在艰险的压力下，越要靠自己去调整维护好身心健康。

生命中唯有精神心理坚强，心理生理才会健康。当你在拼搏的极端逆境中，一定要往好处想。因为，凡事都往好处想，就会以镇静从容的心态，从事拼搏，就会在爱自己的同时，内心强大，智慧洞穿更加丰富，干事业更有成功底蕴。生活拼搏中有积极的乐观态度，重视情感，会比悲观的人更健康幸福。

如果你不努力拼搏，一年后还是原来的自己。创业的孤独痛苦只有自己最清楚，孤独产生伟大，要坚信任何的付出都会有回报，不管生命中遇到多大的坎坷风险，都是对自己的信任。这个世上，人在做、天在看，不是只有强者能生存，而是拥有心理健康快乐的人才是强者。

大爱无疆，为爱自己坚持拼搏人生，是最伟大的力量。成功者的精神心理也是需要及时调整的。心理健康的成功人士，会利用自己的思维正能量，通过勤奋拼搏或运动，提高自己身心健康的精神愉悦幸福状态，以摆脱各种绝望的精神心理不良应激反应。

人生为了自己的希望，都会全身心地付出精神心理与心理生理的潜能。当数年创业拼搏没有结果，伤痕累累，内心伤痛的时候，就要想想与亲人朋友有多久时间没有心理沟通了，与亲人朋友交流一下拼搏的成功心得与挫折教训，就会发现每个人生活的经历都不容易，都会遇到各种意料之外的困难挫折。

遇事坦然，才是爱自己的最好表现。如有的朋友、爱人去世；有的人开车把人撞了，不但赔了钱，还惹上了官司。还有一些炒股票的人，挣了满心欢喜，赔了生不如死。比如我的一位好友不听我的规劝，借一大笔钱炒股，在股市风暴下连人快都被带走。与他们相比，自己那点挫折算不了什么，这不过是人生要经历的拼搏成功成长过程而已。

人的眼睛长在前面，是为了向前想，向前看，向前行。智者不会在痛苦回忆中缠绵，当我们遭遇挫折时，要多与家人和朋友进行交流，你会发现虽然自己进展不顺，但他们依然爱你，亲亲热热地关心着你，你也许没有拥有实现梦想的喜悦，但你一直被亲人朋友们的关心萦绕着。

爱自己是我们身心快乐的根。生活对你并不是一无所有，你还拥有许多人没有的拼搏经历财富，你只看到没得到的东西，而对拥有的东西视而不见。用爱自己的静心平衡心态去看待人生拼搏变化，你就会成为外立其身，内立其心的聪明人。

静心是我们生命的归处。当我们感受太多失望，很容易忽略挫折带给我们的积极意义，虽然绝望是挫折的情绪产物，但挫折也如智者一样，给我们提供拼搏成功的智慧，这将是每位创业成功者，一生中最宝贵的精神财富。

思维方向不同　产生不同情绪影响

　　人是具有高灵感思维的躯体，遇到巨大的压力，也会随着情绪发展改变思维方向，而人世间最伟大的事就是照顾好自己，不产生跟自己过不去的虐心现象。聪明的人，会在生命过程的适当时候做好身心调整，以应对日新月异的世间变化。

　　所谓压力，是指给每个人在生命过程中带来的各种精神心理负担。人生繁杂，生存竞争的压力时刻不停地侵袭着每个人的身心健康。拼搏以获得成功幸福，是摆在每个人眼前的迫切目标。拼搏成功过程中的风险压力得不到释放，就

会使自己飘飘然，注意不到生命危险，在思维上经常碰壁，也找不到自己成功方向，更做不回自己，这种无正确思维的挣扎，有可能会导致未来会跌得更惨的后果。

"莫斯科也没有白吃的面包"，这是一位伟大成功者的创业心得。创业时压力如果不能及时调整释放，就会给自身造成精神心理创伤与心理生理疾病，永远触摸不到内心成长后的幸福成果，使创业成功的心理希望变为无情的泡影。

人的思维方向不同，所以承受的压力对每个人的作用是不一样的。在我们正常工作与生活中，有压力是正常现象，压力并非一无是处。因为人体活动主要靠的就是神经支配，无压力会让人变得呆板迟滞。

有时候我们需要某种程度的压力，给我们的拼搏带来心理支撑，让我们的内心成长为强大无比的利剑，一路劈荆斩棘为成功幸福助力。否则会让我们的神经系统受到抑制，萎靡不振，让自身的免疫力下降，体能下降，产生心理特别累的痛苦，同时会造成精神心理疾患与心理生理疾病，及新陈代谢减弱的病理现象，从而诱发各种难以治愈的心脑血管疾病。

心理学家曾做过样的试验：他们隔断了一切容易引起精神压力的刺激，结果受试者反而产生不安和焦虑感，并且产生种种幻觉。由此可见，如果只是消除原有的刺激，我们还是无法解决压力所带来的问题。我们必须避免过多的刺激，但是如果刺激太少，我们还要设法增加一些适当的刺激。

从人体解剖学角度来讲，良好的刺激能够刺激垂体后叶素产生脑酚酞快乐细胞，改变错误的思维方向，让身体的每个细胞都快乐起来，忘掉一切烦恼，重新获得健康幸福的阳光生活。其实，人生思维决定命运，而把握这个命运的人，正是你自己。

找准正确思维能量，就是要学会自寻其乐地生活。对那些只能在工作中寻求生存价值，平时没有爱好，不懂得养生休闲活动的人来说，有时间、休息日就是他们痛苦的时候，因为平时无聊的思维会让他们从心底失去了目标斗志。我们必须时刻保持充满希望和活力的生活态度，努力追求工作与业余情趣的平衡，用正确的思维，经常给自己的未来设定力所能及的目标追求，用拼搏成功肯定自我的人生价值。

人的思维方向不同，产生的结果会让人惊讶。良好的心情会让人身心健康，精神爽朗，对生活充满激情梦想，用实际行动去对接幸福。不良的思维会造成精神心理与心理生理功能器质上的不良转化。

医学研究发现，人体的情绪若得不到正确调整，不良的应激反应会造成情感障碍后的焦虑与抑郁，恐惧与分裂心理。长期的不良心情造成的脑组织损伤会直接导致神经内分泌变化、神经功能缺损、认知障碍等。

不良思维会让幸福泡汤。每个人心情紊乱时都会扰乱正常的生活节奏，使自尊心受到损害，精神心理幸福受到抑制，因而出现情绪失常、心烦气躁、小心眼、易怒等不良反应，并且造成失眠、神经紧张等症状。许多受过伤害的人往往会出现心理适应能力差，遇事容易反感、想不开的现象，这些都是不良思维产生的不适应生存变化的病理反应。

适时游戏人生　是内心放松情绪调整

　　适时游戏人生，是指在人体感受各种刺激（精神心理、心理生理）后的一种压力释放过程，以应对生活中的学习工作的各种压力。特别是创业过程中，能给人带来精神快乐最幸福的状态。

　　游戏人生，是在极端压力下的灵活减压舒展身心的一种生活方式。对于青少年、成年，以及处于更年期的许多人来讲，心理学应该是他们一生学到老、用到老、改变到老的最实用知识。人到中年压力大是因为责任大，角色多，做出决定的事越多，生存环境也越来越复杂，心理不适应，从而导致在极端压力下生活。

　　人生要想活得滋润，身心健康，就需要及时缓解压力，适时游戏人生。世上许多人生病，都是没有在逆境压力下及时地找到心理或生理的出口，不会游戏人生，造成心态失衡后的各种情绪影响产生的病态反应。其实，人生就是一场戏、一场梦、一场雨、一场雾、一场春生秋死的草。

　　医学心理学是实用的科学。心理因素主要是情绪在起作用，情绪活动可分为两大类，一种是愉快积极的情绪，这种情绪对人体的生命活动能起到良好的作用，它能充分发挥机体的潜在能力，提高体力和脑力劳动的效率，使人体能保持全方位的健康；另一种是不愉快的、消极的情绪，如愤怒、恐惧、焦虑、忧愁、悲伤等，它能造成人体免疫力下降，体力与脑力效率差，不思进取，心情不快乐，无健康幸福的情趣。

　　人体各种情绪的产生，一方面是适应环境的必要反应，另一方面是不良心情的过度刺激，促使人的心理思维活动失去平衡，导致神经活动机能失调，从而导致身心失去健康。例如，人在受威胁的情境下会产生焦虑的晕厥反应，同时伴随着肾上腺素、肾上腺皮质素及抗利尿激素的增加，造成心率加快、血管收缩或舒张，精神易怒，血压升高、呼吸急促，胃肠活动减慢，从而影响人体正常的思维及新陈代谢功能。

　　相关医学研究提示，超过半数的人不会调整情绪，在压力大的情况下不会游戏人生，灵活减压，从而产生不良的心态与生活习惯，导致精神疲惫、过度劳累而产生隐形的精神心理疾患，及心脑血管疾病。

　　既然没有净土，就要净心。生活中许多英年早逝的人，都是因为不懂医学，不会用静心平衡的心态调整情绪，不会看开放下一切，劳逸结合，出现精神过度劳累，内心受煎熬的虐心思维障碍，及血液受煎熬的后形成的血栓，给宝贵的生命以致命一击，让他们了丧失生命。

　　人生就是一个展示自身潜力的大舞台。面对生活的各种压力，首先我们要以顺其自然的心态处理，适时地放松自己。有些事情家人能帮助最好，这是亲情的体现；有些事情亲人帮不了，朋友能帮，这也体现了友情；即使都不帮，也不是见死不救，产生是他人恶意不帮助的思维，这是最让彼此伤心而产生内心仇恨的。

人生最大的痛苦是来自日积月累、最深层的心理压力，这种压力，亲情友情能帮只在表层，深层还需要自己认清压力的本质，比如自身努力的方向是否正确，需要通过自身的努力，循序渐进地根除或减少不切实际的幻想，尽力而为心足矣，让自己顺其自然地摆脱心理压力。

从心理学角度来讲，游戏就是人体的放松状态，放松状态会使骨骼松弛，自主神经系统及内分泌系统均处于低水平活动状态，对于预防和控制情绪刺激是行之有效的方式。健康是生命最重要的基础，身心不健康就不会有快乐的生活和美好的未来。当我们学会调控心情，适时地游戏生活后，就不会患上各种难以治愈的精神心理疾患与心理生理疾病。

生活就是人生考场。"天堂"与"地狱"只有一层间隔，那个间隔就是人间。每个人的生命只有一次，人生若不能随时游戏人生，调整好情绪，照顾好自己，就会出现各种意外的风险，甚至失去宝贵的生命。患病很痛苦无奈，既让自己遭罪，又拖累亲人朋友，更完不成一生的伟大梦想。

极限中，只有具备极限忍耐能力的人才能生存。当人遇到最危险的伤害，最艰难的绝境时，想开了就得以放松，就等于让心理进入了防止危险的安全港，想不开心情就受到压抑，就等于让心理进入了精神地狱。

生活中，许多拼搏者的成功，都是内心在经历了各种极端逆境考验后，心理逐渐成熟，通过适时游戏人生，开拓思维，感悟失败与成功的教训，一步一个台阶地学习用知识自救，宽恕一切，内心坚强地从跌倒处爬起，用哲学思维，静心去战胜各种痛苦的压力困扰。

这个世上，没有完美的人，没有完美的组织，也没有无缺憾的生命。人生最大的财富就是用智慧发掘自身最大潜能而获得的幸福，每个人都想成功，而这个世上，每个人都有自己特定的位置，要想实现人生价值，就要参与创造，在不同的时期、不同的环境下，追求着不同的幸福目标。

适时游戏人生，是高智商思维中内心放松的调整，静心平衡会让心底时刻保持无怨无悔的飘逸放松状态，在任何情况下让身心处于快乐健康的状态，这种高尚境界，会让拼搏的人生追求目标越来越伟大，意志信念越来越坚定，成功的价值越来越不可限量。

激情游戏创造幸福。激情是指自身被激发的情感，它能让人生充满慷慨的活力与无限的爱意。现代人类的各种死亡现象，往往不是因为时间原因，而是不懂运用思维方向，乱了情绪及缺少激情所造成的。

生命中无追求、无知己、无情趣，情绪才会低落无奈，感受活得特别累的痛苦。激情是生命的动力，它不但能促进新陈代谢，激活全身的免疫及大脑思维细胞，避免脑萎缩，而且还能改变一个人的性格，增强自信，超越自我，永不放弃对理想目标的激情追求。

游戏舒心。在为幸福拼搏的漫长洗礼中，会产生两种不同心态，一种是阳光心态的乐天长寿者，有激情、有百折不挠的创新意志与适应一切的能力。另一种是存有灰色心态的人，这些人遇事麻木，想不开，不懂生活与情感，缺乏激情与创新生活的坚强意志与能力。

心情是自己给的最大财富，时刻爱自己，才会成就调控心情、游戏人生的态度，获得人生的健康幸福。当一个人能在繁杂的生存中，适度游戏人生，调整好情绪，就会使心情豁然开朗，产生快乐的心态。无论生活把我们逼向哪里，我们都要善待来之不易的生命，用坚强和智慧勇敢地面对生活的洗礼，适时放空自己，控制好心态。

幸福靠心灵融通。人体最大的放松，就是情性相融的快乐生活。一位成功女人背后有无数位心胸豁达、充满大爱情怀的男士相助；而一位成功男人背后至少有一位善解人意、胆识过人的完美女人疏导。男人幸福靠悟性拼搏，女人幸福靠爱情滋润。男女唯美的相遇，能让彼此激情迸发，让时光凝固，徜徉健康幸福，飘香地久天长。

人生无卓越无以辉煌，无淡泊无以明志。当一个人通过自己最想干的事情与运动后，智慧就会产生，压力就会减轻释放。静心是超凡的成功境界，它能及时帮助人调整好心情，坚定拼搏的意志，继续用无坚不摧的意志力战胜事业挫折，用生命责任拼搏获得最理想的成功幸福。

乐极生悲。这个世上，许多人的痛苦不幸都是源于错误的因不改，才产生不幸的果。有这样一位年过花甲的老人，一年四季都在路边修自行车，不论是三九寒天，还是酷暑炎炎都没有间断过。别人看他太辛苦，劝他买彩票，没曾想，中了六十多万的大奖。这时老人特别高兴，天天饮酒，把长期劳累受抑所患的精神空虚、心脑血管疾病放到了脑后，结果没出三天命归九泉。

今天不养生　明天生病找医生

中医认为，调养心情要先调气，人体如果失去平衡就会生病。人体的精、气、神是生命的元气，长期过度劳累，会损精、耗气、伤神，大伤元气最终丧命。遇怒不怒，大喜不狂，养心健体；自卑自怨，心胸狭隘，会造成心老早衰。

《黄帝内经》曰："人生十岁，五脏始定，血气已通……五十岁，肝气始衰，六十岁，心气如衰，七十岁，脾气虚，八十岁，肺气衰，九十岁，肾气焦，百岁五脏皆虚。"养生告诉我们，生命是可以掌控的，学好养生知识，尽早养生，活过百岁不是梦。

人的生命周期大致分为：0~35 岁为人生最活跃的健康期，身体健康趋势上升；36~45 岁，为人体生理功能下滑的衰退期，各种疾病在此期形成；46~55 岁，为生命高危疾病的暴发期，各类疾病高发；56~65 岁，为没有明显器质性改变的安全期。

人类最重要的财富就是健康，随着我国独生子女政策落实了几十年后，我国已进入了老年化国家。赡养老人的重任已压在了进入老年化的群体之中。外国人是未老先富，而在我国是未富先老。这种压力，使生活中的每个人都倍受煎熬。再加上不良生存环境中食品、水与空气污染，造成的过敏反应，致使半数以上的人处于亚健康状态。而大多数的中老年人，都处于焦虑、抑郁的老年病发病的困惑之中。

现代社会竞争激烈，人们思想压力过大，各种污染问题日趋突出。特别是食品安全问题更加严重，这些问题是造成过劳死、恶性病低龄化现象越来越多的根源，超过半数的人都处在亚健康状态。

人到中年最辛苦。人到中年后，因为各种生存压力，及不良生活习惯的影响，造成身心疲惫，身体过度透支，常出现心情抑郁、头晕头痛、失眠多梦、胃胀不适、便秘，小便频数等疾病反应。中医药的治疗是根据不同的性别、年龄、体质及不同季节，给予辨证的治疗，也可以配合放松身心的疗法放松心情，激活督脉、任脉的情志治疗，以调和气血，促进阴阳平衡。

得健康者得天下。不要炫耀你的财富，治病时钱就是纸；不要炫耀你的工作，你倒下后还有无数人可以顶替；不要炫耀你的房与车，你走后，那就是别人的财产；不要炫耀你暂时的幸福，你仙去后，留给亲人的是无尽伤害。不要计较花在健康上的钱，健康就是资产，没健康那都叫遗产。

穷人失去健康，等于雪上加霜；成功者失去健康，等于瞎忙一场；老人失去健康，天伦之乐变成绝望。世间的事，除了生死，其他都是小事。当你生活中遇到焦虑郁闷时，一定要从心理与生理两个方面找到平衡出口，此时要么精神出现障碍，要么身体出现病症。在生活中，多与懂自己的人交流情感生活最幸福。

世间没有天生适合的两个人，只有后来真诚相融的两颗心；人世间没有一世不变的激情，只有一生如醉如痴的真诚。遇到懂你的人，学会付出；遇到让厌恶的人，学会原谅；遇到不懂得你的人，学会谅解沟通；遇到懂你的人，学会珍惜，眷恋永恒。

世间的事没有对与错，只有因和果。亲情是世界上最珍贵的情感纽带，而在与亲人交往中，要学会互相理解尊重。如果见死不救，只看热闹，再重要的人让你绝望多了，也会让情感分离，变得不重要了。

身心健康，是生命的最高质量。长啸吟唱，舒畅心情，排除杂念，是静心平衡的最高境界。优秀的心理与生理环境铸造灵动的体魄，能适应各种逆境生活。七情欲望扰乱清净的心，破坏气血经络，阻碍新陈代谢的运行，破坏每个人渴望的身心健康幸福。

心静则生，心躁则亡。人生的一切智慧都是从真诚宁静的心中感悟出来。当一个人为改变命运拼搏而身心绝望时，心理特别希望得到他人一点点支持的力量，这时亲人朋友的一句安慰话语，就会让他们重新振奋，继续拼搏。

人老脑先衰。我尊敬的老父亲，今年已经 89 岁高龄了，但他总保持一个良好的心态和生活习惯。他为我们每位子女都做出了最好的榜样，他现在仍头脑灵活地从事着他所喜欢的财会工作。人体常用脑，脑细胞才会继续发达，否则就会出现大脑及小脑萎缩的痴呆症状。

聊天是一项有益身心健康的快乐活动，是获得美好心情的大餐，不但能使大脑细胞得到修复，而且还会忘掉烦恼悲伤，收获浪漫快乐无限，怡情长寿如松。

珍爱生命就是给自己最好的礼物。生活中的压力每个人都有，特别是为人父母的中年人，他们承上启下，要负责的事特别多，他们既要将孩子培养好，又要把家庭建设好，把孩子辛苦养大后，又要帮助孩子置业、置房、置办婚礼，有可能还要继续当家奴。为了让孩子有好工作、有钱又有房子，这对普通收入的家庭是非常大的压力，也是造成父亲或母亲心理压力大，生命早亡的重要原因。

可怜天下父母心。独生子女要理解父母内心的巨大压力，父母即使要离开这个世上，也要用千辛万苦的生死绝唱付出，托起孩子们永远幸福的翅膀。

作为父母，在养育孩子时，要让自己通过智慧的方式来减轻压在心头的大山，孩子在成家立业前是最需要父母支持帮助的，孩子有压力，父母更要用坚强忍耐的拼搏来承担；孩子长大后要学会自立自强，让父母少操心；家长要学用养生知识，让自己也身心健康地快乐生活，少让子女们担心。

生命在于运动。运动能促进人体新陈代谢，提高机体的免疫力，提高身体素质，还能调节情绪与情感，产生智慧，看开一切。有氧运动是良医，也是良药，既能增强意志力，又能防止血栓形成。久坐不动，是产生血液高凝状态和外伤等的多项静脉血栓的危险因素，久坐伤气血，久躺伤身心。

运动是人体天然的健康元素，懒惰是人体产生疾病的舒适温床。通过运动会使每一个细胞产生快乐的感觉，产生对病毒与细菌的抗击功能。运动能有效地调整释放压力，调整内分泌紊乱现象，让精神振奋起来，把造成人体懒洋洋的酸性物质及造成多种疾病的重金属排出体外。

中医认为，生命在于运动。动则生阳，动则生智，动则心怡，能解除气滞血虚、血瘀等现象。少吃多得胃，多吃活受罪。物无美恶，过量为灾。多食容易造成气凝滞，血不畅，多睡会使人神志昏，肠蠕动缓慢，易肥胖，破坏机体内环境平衡，同时给心理及生理造成巨大的压力。心静自然凉，动静结合，有利于肌肉放松，身心舒展，气血旺盛，则通体健康。

热爱生命，做好自己。人生没有完美，追求太完美是不现实的，正如出名很精彩，但需要用时间和代价与意志力去实现，同时也会让自己在一定完美中失去许多宝贵的身心健康。一个人能在创业中娱乐内心，就是最睿智的一种表现。

今天不养生，明天生病找医生。在创作遇到瓶颈时，我会和亲人朋友去唱歌、跳舞，以舒缓心理及生理的压力，这样经常会让我感受到精神心理最惬意的感觉，让我精神心理与心理生理得到有条不紊的放松，从而获得充满激情活力与慷慨爱意的执着写作生活，增强我追求幸福理想的决心，与永不放弃精彩生命幸福的快乐心态。

养心是适时调整好心态的适应过程，是让身心舒展，解除身心疲惫状态甚至精神崩溃边缘的最好放松。现代高度紧张的工作及不良的生存环境，需要我们每个人都要懂得：今天不养生，明天生病找医生的现实大道理。

每个人要根据自身心情需要，调整好情绪，为向生命最高层次的幸福付出我们睿智的言行。生命中的每个人都想走最短的路，获得最大的成功幸福，而成功幸福，往往需要拼搏者付出其他人所付出不了的身心创伤代价，才有可能实现一生中最珍贵、最想要的内心幸福需求。

用大爱之心创作是我养生心泉的洒脱情怀。创作吸引了我神的灵魂意志，写作生活也洗礼了我的精神世界，让我深刻地感受到了静心平衡的美好，智慧思维改变命运的精妙。想要成为独一无二的作家，就要有能力战胜一切！

静心胜似神仙。好书将引导读者的心灵，开启身心健康的无悔人生。好书唯美飘香，它似张扬的心，美好的情，凝固的美，潇洒的景。壮美洒脱的心怀，如同群山中静谧的湖水那样透明、清澄、晶莹；又酷似蓝天下翻卷的云朵那样仙境、飘渺、美好。高山仰止的激情、活力、迅猛、交融的幸福洪流，会势不可挡地汇成春的妖娆，夏的明媚，秋的丰硕，冬的甘甜，给人类带来永久美好的静心健康幸福。

四十年笔锋凝成剑，挥洒真情幸福泉。通过创作写书，让我大开眼界，从容自信，真正体会到"不吃天下苦，难成高贵人"的高尚心灵写照。而人生不经历冬天的严寒，就感受不到春天的温暖，不承受夏天的火热，就无法收获秋天的硕果。

今天不养生，明天生病找医生。当我们充分认识到心理疾病的危害根源时，就要下决心保护好内心世界，准确及时地清除自虐、被虐的心理不良反应，用心理学知识驱散心头雾霾，用哲学思维阳光让内心更加强大，真正成为一位学以致用静心平衡的智者，在逆境生活中能顶住任何压力，保持身心健康，永远追求生命中最想要成为的幸福之人。

生命之所以美好，在于仅有一次，在于每一天都是重新开始，追求梦想可以随时启动。我愿作草原上奔驰的骏马，蓝天中展翅翱翔的雄鹰，带上对人类幸福的美好心愿，帮助每个人在有限的生命中，以静心平衡的养生方式，适时调整好心情，以智慧的心态，舒展的身心，去实现自身期待的最美好的健康幸福生活。

第八节

笑是精神疗法 释放快乐治疗抑郁

笑是人类最美好的语言，笑是地球上的生命精灵所独有的天赋。微笑是人类最美的智慧花朵，你笑看别人，别人才会微笑看你，才会使彼此内心产生情感升华的高尚境界。

微笑能拉近人与人之间的距离。笑是外部环境和内心机制的双重作用，脸是心灵的镜子，微笑是明朗、纯真、欢快的表情。微笑是自然有风度的话语，是面部和谐的统一行动，更是关心对方的亲切表现。

　　微笑和愉快的表情会给对方以安全感，能增强别人对你的印象与好感，并且给对方一个好的心情。笑是人生的精美调料，它能溶解生活中许多不和谐的因素，达到共同快乐幸福的目的。

　　许多恋人都是因为看法不同而产生意见的，但经过笑谈会达到意见一致、润物无声的效果。笑能让爱获得新生，在温柔缠绵的清澈中，接受笑的心理相融、爱的和弦；让我们的生活永远充满阳光般的欢笑，高智慧的幽默。笑能增加自信，解除哀愁，让身心快乐，健康幸福。

　　当生活中遇到令我们烦恼发愁的疾病时，笑是心灵伤口的止痛药，笑能产生心理自由快乐的最美感情。感情是生活中最重要的元素，是一个人生存是否快乐的根本。懂情感的人能用笑的幽默，协调好复杂的人际关系，收获一好百好的心理快乐盛宴。

　　一个人的风度、修养、品位和能力，应该表现在与任何人的相处交往中，而家人是与自己共同面对复杂生存环境，并且命运相连的人，也是与自己相处时间最长，关系最亲近的人。如果连对亲人都不会微笑幽默的人，又怎能让自己与亲人开心、幸福呢？

　　笑对老人、孩子来讲，是对他们心灵的启迪与赞赏。微笑更是每个人尊老爱幼、教育子女快乐成长的金钥匙。母亲的微笑是对亲人温暖的奖赏，父亲的微笑是对亲人善意的体贴。

　　生命中不懂笑与幽默的人，是精神心理不健康的弱智反应。这种人不但会在生命中迷失自我，而且还会给自身造成免疫力下降，出现各种疾病，甚至出现在生活中难以取得他人的理解、帮助与善待的困难。

　　真正懂得生命价值，善于用笑与幽默面对人生，全身心拼搏坚持到底获得成功的人，才是笑得最开心的人。这种笑对一切挫折失败的雄心，需要一个人用毕生心血、几年或者几十年的自信拼搏，顽强执着才能实现。

　　好心态张扬微笑。微笑会使人生获得一种坦荡的自信和勇气。自信的微笑是人类精神心理、心理生理得到满足的表情。笑能调动自身快乐情绪的产生，提高机体免疫力，促进全身细胞运动，增强新陈代谢，使人变得年轻漂亮，充满激情与活力。

一个人天天面戴微笑地生活，不但会让自己忘记烦恼，产生快乐，而且还会让其他接触的人保持良好的心情。人与人之间用笑的幽默能迅速拉近与他人的心理距离，使陌生的心灵更接近，相爱的心胸更宽阔，真爱的男女更幸福。

自信微笑是快乐人生心理、心理生理健康的润滑剂，它能快速消除身心疲劳，从而活跃生命细胞。如我们在打电话时想通过聆听让对方产生好感，最好在通话时露出欢乐的笑声，这样会迅速感动对方，使对方与你的想法更接近，行动更贴切。因为你的开朗表情，对方的音调中自然就会出现笑的反应，因而使彼此产生心灵相通的好感。

生命中精神快乐最幸福。愉快的笑声是一个人精神心理健康的特征，灿烂如花的笑能驱散人生所有的阴霾，让人能感受到快乐无比的幸福。面对逆境坦然一笑，就会从精神心理上摆脱被动状态，产生最佳的生活情绪与自信的微笑。

生活中不会笑的人，是精神心理、心理生理衰老的表现，也是造成各种悲哀的源泉。因为笑可以牵动人体 400 多块肌肉运动，同时扩展肺部呼吸，并能有效地增强机体的供养和免疫力。笑可以迅速缓解人体各种忧郁和焦虑症状，给人以乐观、开朗、坚强的性格，增强对生活的信心和舒适快乐的美感，愉快的笑声更是一个人精神健康的可靠标志。

自信会心的笑，是解除人与人之间误会的最好妙方。当一个人对他人产生伤害后，能主动微笑着向他人赔礼，道歉，就会使彼此迅速化解误会，和好如初。心态平和的微笑更是造就一个人出众才华的重要因素，生活中明朗舒心的微笑，能呈现内心的喜悦，承载内心的诚意，使周围所有的人都愿意与他接近。

自信的微笑具有无比神奇的魅力，是给大家的真心礼物。别人笑、你笑、他笑，笑能全面地舒缓面部神经，使每个人都能显示年轻貌美的面容；同时微笑还可以直接表达我很喜欢你，见到你之后，我的心里非常高兴、特别开心。

心态平和的微笑，能显示真诚的心态。当领导时，遇到毫不讲理的人口出狂言时，也能镇定自若，不忘记露出笑容，用笑让对方安下心来，讲出真情，用理智思维帮他发现、改变自身缺点与不足，让他心悦诚服地接受批评教育，让我真切感觉到再棘手的问题也能用微笑来解决。而尊重对手及有敌意的人的微笑，更能显示一个人超常的大智慧。

微笑是人与人心灵间的无声问候，是一生能否在逆境中永葆自信的气质风采的体现。从心理学的角度来讲，人活着不容易，十有八九都不如意。人生都要经历三穷三富、七灾八难的生存过程。

笑是幸福的润滑剂，笑看一切解忧愁。自信是指在艰辛的生命岁月中，能够从内心相信自己是为成功幸福而来的，并在生命过程用拼搏创造美好的希望，而希望正是每个人一生中最重要的心理力量。

人生的历程要与社会、与他人发生这样或那样的关系，将遇到各种各样的矛盾。特别是一些为了生存而拼搏的年轻人，在创业过程中，心理状态、生理机能、生活规律、饮食起居、人际关系、社会交往等都将发生很大的变化，内心会出现失落、孤独、愤怒、悲观等许多不良情绪。有些人不管在遇到任何情况都能保持自信的良好心态，而有许多疾病会随着焦虑的减轻和情绪的乐观而痊愈。

人生要想永远保持自信与微笑，就要保持乐观，在生命的拼搏过程中知足、无悔。知足常乐是发自内心对付出所得到回报的评价，无悔正是在知足对自身创造价值的一种肯定。

笑是内心幸福的表现。如果一个人整天胡思乱想，一切以金钱收益为目标，内心就会受煎熬，让身心处于崩溃的边缘，这种心理是产生不了自信的，相反只能是压抑，降低或改变自信，笑不起来。

从心理健康的角度来讲，人生是过程，任何人都是一个结果。睁开眼，自信、笑着过是一天；闭上眼，自卑、烦闷、苦恼过也是一天。假如这个世上没有医务人员诊治各种疾病，社会生活就不得安宁。

作为医务人员的特殊职责是预防那些未发病人们，我们还要治疗那些在生存竞争中产生了心理疾病的人们，更要用关爱之心去治疗那些在生活中失去情感支柱，求生不能，求死不能，精神接近崩溃的心理患者。

既然没能如愿，那就释怀坦然面对一切，内心笑得像花一样灿烂。没有经过生命危险的人，是不会了解生命的重要性，而生命的最关键之处，只有自己能救自己。人要想减少各种疾病的发生，就要从自身做起，用坚强的自信意志去迎接多彩生命的健康微笑。

人生要发掘自己，把谁也不知道的心理绿洲发掘出来，这是有能力的自信，也是最有把握成功的能量源泉。人生要时刻牢记，要有内心无差别感，七十二行，行行出状元。自信的人是尊重他人，不低三下气生存的人，会在超越一切的付出中，认为肯定有回报。老天有眼，认为你行，才能在逆境中出现突破。人生的成功也许没有人能帮你，只能用笑的智慧救自己，要懂得想开创什么事业，都是对自己的考验与信任。

人生是一个繁杂的生存过程，克服孤独、无助、寂寞的心理，才会产生自信的微笑。大笑是人心理健康的内在、外在表现，大笑一分钟等于身体半个小时运动。大笑能提高机体免疫力，常笑是消除心理烦恼的解毒剂，它能祛除许多难以治愈的心理疾病。

俗话说，笑一笑十年少，一笑解千愁。平时不爱微笑的人，往往都是内心有障碍、苦闷多、没有笑神经或不懂生活情感，内心永远无法滋生阳光的人，也只能生活在内心无助的痛苦中。

大笑能治疗心理疾病。古代有一位县太爷患了心理疾病，经多方治疗无效。一次经中医心理医治时采用了精神疗法，大夫故意诊其为"月经不调"。患者听后捧腹大笑，大骂大夫是庸医。此后这位县官想起此事就开怀大笑一场，结果没几天自己的心理疾病也就消失了。

医学研究证明，笑能刺激大脑产生一种激素，释放让人变得年轻漂亮的一种激素，引起体内释放内啡肽，起到镇痛与欣慰的作用；同时刺激脑垂体，让人产生自信的灿烂微笑。

人生精神快乐最幸福。在生活中每个人的精神系统都会产生调解作用。当你高兴时，它会释放快乐，当你出现各种疾病时，它会让你的身体出现抑制状态，也就是身不由己的病态症状。

从医学的角度来讲，当一个人用良好的自控力让自身出现宁静状态时，大脑便会分泌出一种会产生快乐的物质，会使我们以一笑解千愁的方式笑对人生，忘掉一切烦恼忧愁，养成洒脱的无畏情怀。人与人之间相融的真情与责任感，会在人生态度与生活习惯不协调的情况下得到确立，产生相互帮助、相互尊重的和谐力量。

从心理学角度来讲，笑是精神疗法的消毒剂，幽默是带我们走出心理困境阴影的阶梯。生活中，许多事情都会引起我们心理情绪的变化，而人类是世上唯一会用微笑表达心意的动物。不论我们遇到什么事，都要学会宽心自慰，让内心永远处于静心平衡的健康幸福状态。

第五章

标本兼治心理障碍　心花绽放万紫千红

伴随着人类文明的进步发展，越来越多的人更加充分地认识到生命健康的重要性。心理障碍是一种内心失去阳光，一直笼罩在焦虑、抑郁、恐惧、受伤害阴影中的不良反应，它与遗传、成长环境中的各种伤害密不可分，极易造成内心痛苦孤独，钻牛角尖，厌烦一切的不良心态。由于不良心态的应激反应所造成的心理障碍，严重的会造成精神心理与心理生理失去健康。我们只有用科学的思维真正看清心理障碍的起因，才能打开生命健康的密码，让每个人享受由高质量心理成熟带来的健康稳定的幸福生活。

第一节

心理障碍根源 基因变异、重伤害

相关研究显示，大约有 75% 的人不会调控情绪，随着生存环境压力的增大，心理障碍的问题不断加重，急需用医学人文的能量开启冰封的心灵，让人们脱胎换骨，获得健康幸福。

中医理论所谓的"标本兼治"，是指因遇事想不开，出现各种精神心理及心理生理的躯体表面现象时，中医能通过"望、闻、问、切""阴阳表里""寒热虚实"及"天人合一"进行科学系统的诊断，采取整体施治的疗法。

中医药治疗的效果目前已被越来越多的国家和地区认可。关于青蒿素治疟疾的研究获得了诺贝尔医学奖，是我们中医药科研人员，对两千多年前就验证过的妙方开展研究获得的。中医药治病讲究"八纲辩证"，它会让每个人的身心疾病

通过中医循序渐进的诊疗彻底治愈。

何谓心理障碍？ 心理障碍是指当人体受到强烈刺激后，所引发的内心痛苦煎熬而出现的心理变态反应。心理障碍的特征性表现为，遇事想不开，自以为是，令人费解，别人如何开导也不听，性格内向、偏激，爱钻牛角尖。生活中最常见的是习惯性找茬接话气人，以各种方式发泄心中不满的郁闷情绪。

以下三类人属于中度躁狂症的高危人群。

1. 在妊娠期父亲或母亲精神受到过重大创伤，患有焦虑、抑郁等精神疾病；

2. 成长过程中，父母经常争斗在心理留下阴影；

3. 成长过程中，由于学习、工作、婚姻或创业不顺，患过抑郁、焦虑精神心理疾病。

有心理障碍的人不懂得生活，对自己人同样吝啬，生活中的必要开销也不愿付出，更有甚者，连孩子看病或上大学的钱也不想出，究其原因，小时因经济困难留下了"钱比命大"的阴影，永远抹不掉。这类患者，内心总好似被堵严了一样，不懂情感生活，对亲人不亲，对任何事不感兴趣，不懂幽默，整天闷闷不乐，自我封闭，不寻找阳光快乐生活，不爱穿戴，经常指责刺激他人，常以庸人自扰混日子方式生活。

相关研究显示，超过半数查不清原因的疾病来自于基因变异。心理障碍的出现先天因素来自于遗传基因变异，后天因素则来自于各种生存竞争压力的困扰，或受到残酷无情打击而形成的心理与情感的双向障碍。先天因素包括近亲结婚、水、空气、食品、药品对孕妇的影响，特别是夫妻原有精神疾患，加上因情感障碍而引发性情不和而传给下一代，造成新生命的精神障碍。

导致心理障碍的后天伤害，发生在父母亲不能很好地养育、教育孩子，寄养孩子，经常用粗暴打骂、训斥等极端错误的方式来伤害孩子，会导致孩子内心孤僻，性情暴躁，偏执走极端，形成不良心态与不良生活习惯，甚至朝违法犯罪的方向发展。

无爱婚姻百事哀。父母无休止的争吵、闹离婚，或因意外伤害或被开除公职收入甚微，使得子女学习就业困难，爱情婚姻难，困难成堆，家庭纠葛，工作单位矛盾重重等，都会造成许多人心理失控而出现不能自拔的心理障碍。真爱是为对方与孩子着想，而夫妻分手后，最痛苦的是孩子。

造成后天心理障碍的重要原因，首先是因经济来源不足无法正常生活的窘迫现象，以及无法适应社会生活节奏，许多事与愿违的心理落差而造成种种悲观厌世情绪，加上内心懦弱，无法面对生存竞争等精神心理恐惧压力。

遗传因素是心理障碍的元凶，它与家族史密不可分。一天，我正在医院工作，突然来了一位45岁左右神经兮兮的男子，他问我："你说我得了什么病？"我说："你讲讲症状？"他说："我其实浑身都有病，到现在没结婚，哪也查不出病因。"我说："明白了，你患的是遗传性疾病。"他说："医生您说得太准了。我姥姥与我姥爷是近亲结婚，我妈与我爸是近亲结婚，所以我从出生到现在都没'正行'，没有人关心我，我也不懂怎么关心别人，我感觉活得特别累，心理特别烦。"

从精神心理学角度分析，没有真情的人生是废人。这类人不但影响自己的人生，也会直接或间接影响他人的人生，带给亲人与朋友一生无助的苦恼与忧伤。婚前检查至关重要，父亲或母亲一方有精神类方面的疾病也会遗传给下一代，造成新的心理障碍疾病患者。

心理障碍的危害往往在于心理失控后，言行也会出现反常。自身的想法与行为就像脱缰的野马，一发而不可收。这种患者的大脑总处于一种"短路"过程，有时想入非非，有时会胆小如鼠，有时也会胆大妄为，什么傻事都敢干。正常人要远离这种人，首先要看清对方是否有心理障碍，这样才能不会因婚姻而搭上一生健康幸福，从而有效避免新的悲剧发生。

家庭教育的失误是造成心理障碍疾患的起因。人是一种群居的情感动物，孩子对父母的渴求，是孩子成长中正常的心理反应。母亲生下孩子后，为了挣钱养家，寄养孩子，几年时间不与孩子进行情感语言与认知世界的交流，而这些不正确的教育孩子的方式，都会造成孩子内心受到伤害，从而产生性格内向、自私无情的孤僻心理。

作为家长，心里要清楚，亲情是花多少钱也买不来的财富。孩子被寄养，大多数是在隔辈的娇生惯养下长大的，失去了与生父母情感交流的最佳时间，在这种环境下长大的孩子，将来对父母容易产生疏远不亲的感觉。这不能怪孩子，只能怪父母在对孩子心理教育方面的欠缺与无知。虽然父母挣钱是为了改变孩子的成长环境，使孩子生活得更好，但可能一生都不会消除孩子心里那道阴暗。

马克·扎克伯格是著名网站 Facebook 的创始人，是位才华横溢的年轻人，人称第二个比尔盖茨，是全球最年轻的自行创业的亿万富豪；同样也是位 80 后，他如今的成功与他小时候接受过父母的正确引导教育是分不开的。他父亲的教育秘诀是：不强迫自己的孩子，作为家长最重要的是发现孩子的长处，尽全力培养，这样才能有效地避免家长与孩子心理目标上的冲突，从而斩断产生心理阴暗问题的可能性。

精神心理健康是每个人成功幸福的重要保障。每位家长若能及时理智地看开一切，从孩子一出生就重视与其进行心理交流，培养孩子坚强的心理素质，并且甘心做一位好父亲、好母亲，就会让孩子减少心理障碍痛苦的伤害。

现实生活中，许多成年人的心理障碍与孩提时代受到恶劣生长环境的影响有直接关系。比如父亲在孩子幼小的时候，受到政治迫害或种种原因而失去工作，家庭失去了主要的经济来源，从而影响家庭成员的正常生活，会潜移默化地造成孩子童年阴暗心理的产生，精神心理受压抑，过着内心煎熬生活，同时会给家人带来永远想不开的心理障碍。

粗暴的家庭教育，是导致孩子心理障碍的主要原因。有的家庭孩子学习不好或不听他们的话，家长不讲理由，上来就是一拳，或一顿指责谩骂。这样的粗暴教育会严重伤害孩子的幼小心灵，特别是会使孩子的自尊会受到致命摧毁。受过这样伤害的孩子，会在一种痛苦的心境下形成对人生不屑一顾的逆反心理状态。

　　我的一位朋友，小时候因一点小事而遭到父亲的一记重拳而产生了心理障碍，为此他立志当兵，以远离父亲，直到现在他已 50 多岁了，还是对父亲的行为耿耿于怀，怎么也解不开当年挨打的心理障碍。奉劝各位家长要重视人间的亲情，教育孩子要耐心细致，要懂得因势利导地培养孩子心理坚强的潜能，懂得以身作则，这样才能教育培养好孩子坚强而智慧的心灵。

第二节

谨防心灵伤害 要靠脱胎换骨改变自己

人活在这个世上，而这个世上什么样的人都有，不随心意的事随时都有可能发生，使善良的心灵受到伤害而出现心理懦弱，产生遇事紧张发慌的不坚强现象。

辽宁省心理咨询协会的心理咨询师裴瑾荣介绍，来自北京高校的心理调查显示，在北京的大学生中，有 16% 以上的人存在中度以上的心理卫生问题，有约1/3 的学生存在不同程度的强迫症、抑郁症和焦虑症等心理问题。导致大学生心理问题越来越突出的最重要的原因，就是应试教育只重视成绩，而忽略对学生心理及生理健康教育的培养造成的。让孩子在应试学习下成功，如同让人在红尘中修行。

现实生活中，许多大学生，经过多年刻苦学习，毕业后找工作困难，发现理想与现实的巨大差距，认为学习无用等，这些都是让许多刚迈入社会的年轻人难以适应社会环境而产生的心理障碍问题的根源。

在复杂的生存环境中，我们要以自己学过的专业知识为基础创业，在创业中要不断吸取经验教训，特别是心理上应该充分认识到人永远不是神，振作起来证实自己的能力。切忌好高骛远，要管理好自己的心理和情绪，尽全力做好自己的事业，经常掂量自己，要有自知之明，创业者往往不是跌倒在自己的不足上，而是跌倒在自认为是的优越自满上。

人不能总靠别人的怜悯过日子，要自立自强。生命中能承受心理巨大落差转变而找准自己位置的人，才是坚强的智者。年轻人找工作干，不一定非自己学的专业不可，学习知识的过程，正是开发思维创业的基础。许多成功者的经验都是先吃苦后得甜，如搞房地产的王石总裁，就是从倒卖玉米开始，后来找准自身发展的方向，用头脑及超人意志力把房地产业做大做强的。

要想展示自身的能力，就要不断地充实自己的能量，不断展示自己与众不同的才华，吸引懂你的人发现并赏识你。人生的付出与成功成正比，付出不一定有收获，但不付出肯定无收获。只要踏碎心理阴暗的枷锁，把拼搏里程当作多学习了，总有一天成功机遇的大门就会为你敞开。从简单的事做起，就会让学到的知识得以应用，获得成功幸福，并让身心免于受到强烈刺激而产生心理障碍疾患。

许多人之所以有心理障碍，是经历过那些让他们最痛心的伤害所致。人的心理障碍疾患往往是内心受到过艰辛生活煎熬，而形成的焦虑抑郁，或受政治迫害所导致。在这些人周围的亲人与朋友，也会经历心理障碍病人的"精神污染"，或轻或重地患上心理障碍疾患。

已患上心理障碍的中老年要懂得，过去的就要让它过去，越回忆悲伤越会加重内心痛苦的心理障碍，为何不活在当下，活出有质量的生命，弥补生命的缺失。为何不活出个健康幸福的样来，给子女及亲人们做出个心理励志的榜样。人生睿智在于好事要提得起，坏事要放得下。成熟的人会忘记过去，聪明的人则活在今天，睿智的人不担心未来。

国家领导人曾说过："历史是勇敢者创造的。"心存疑虑，做事难成。成功者的心胸是被痛苦的煎熬撑大的，能在拼搏中承受各种似地狱的伤害，才有机会成功。命运捉弄勇敢者，在瓶颈期，怕什么来什么。当你用静心平衡的心态，看淡成败得失时，你将会披荆斩棘、扬帆破浪继续飞翔。你会让生命的拼搏进程得到升华醒悟，看开放下一切，产生静心平衡的非凡心态。

静心是生命中开出的最迷人的能量，既是我们自由快乐的根，更是我们生命健康的归处。拼搏者应时刻懂得，小事在力，中事在智，大事在德，天事在道。道是力、智、德的总和。在拼搏中拥有身心健康，才是最有价值的成功。

这个世界越变越大，心理空间越来越小。本人在经历过 40 多年的医药学观察与自我的各种体验后认为，当人的心理被束缚时身体才会被束缚。人类被心理束缚是产生各种疾患的根源，它来自于先天遗传的疾病，与后天经受各种残酷打击而形成的"心理障碍"。

对于心理障碍的人，由于从小生活窘迫，对钱比对命都重视，连你摸一下冰箱门都会对你大喊大叫，对情感冷漠，对亲人、朋友只是应付，从不参加文体活动，内心孤僻，所以很少与亲人、朋友沟通来往，朋友少之又少，整天精神萎靡不振，幸福感低下。

例如当丈夫用爱心为下夜班的妻子准备好饭，请妻子吃饭时，丈夫说："你辛苦了，吃饭吧。"妻子说："你个兔崽子，做饭有什么了不起。"丈夫被骂得狗血喷头，由于他是懂得心理学的医生，知道这是心理障碍的不良应激反应的突然暴发，非常理解妻子工作与生活的不容易。女人最辛苦，最伟大，是无价之宝。爱唠叨是女人心理情绪调整的生理反应，唠叨指数是男人的三倍以上。而在现实生活中，从各方面理解女人的精神心理及心理生理苦楚，对女人耐心过细的呵护，才是好男人。

心理障碍产生于精神疾患与心理生理疾病。心理障碍是一种心理不坚强的表现，心理障碍影响思维想象，及说话及行为。有心理障碍的人会变得自私、无情、懦弱、多疑、偏激。总是特立独行，不考虑他人的感受，内心灰暗，总愿回忆过去，与旧社会困难相比。

现实生活中，心理障碍的人是只专注痛苦事情的一面，而不去想幸福快乐的一面，哪怕是为自己幸福，他们也不愿去改变固有的心理问题。心理障碍存在于普通人心中，约占 40% 以上。许多人都得过此病，只是明显发作与不发作而已。

心理障碍是一种自己想不开，别人说不通，内心有隐私的伤痛、封闭的症状；而只有自己坚强的责任意志，与亲人朋友深刻理解才能解除。许多心理障碍的人，都可以通过找准人生位置，自寻其乐，适应生存环境去解除，通过奉献爱心的言行，以及有"花"为伴的爱心方式去化解。

本人曾在写作过程中患过"自闭症"，是我对人类生命健康的痴情与对亲人幸福的责任，让我解除了心底的阴霾。在经历过一次次心理障碍毁灭性打击下，是亲人与朋友的真情挽救了我的心，让我彻底感受到人间大爱的真谛，感悟出生命的能量。曾多年获得沈阳市精卫工作先进工作者的宋冀宁大夫，对我的创作给予了巨大的心理支撑与高度的赞扬，帮我度过无数次的心理难关。

爱心与责任心在重压下能够产生叠加能量。在一次次重大而致命的打击下，都会让我脱胎换骨地认知错误，改正不良心态反应，坚强地面对心理障碍的危害，找出解除心理障碍的方法，找准自己的不足。每一次失败都是自身成功的垫脚石，越是大的挫折，我越能找到失误的原因，越会焕发激情，让我不断总结经验教训，创作的过程，就是我快乐学习的过程。心中有阳光普照，才会让我翻越过心底无数座阴暗自闭的大山，用静心平衡的大智慧洞察一切，让内心充满了追求人类健康快乐的美好愿望。

谨防心灵伤害，脱胎换骨改变自己。自闭症是心理障碍的表现之一，每年的

4月2日是"世界自闭症日"。自闭症多由先天疾病所造成的，包括先天身体发育不良等先天性疾病。后天性的原因多是由压力大，自身心理适应不了所造成。患上心理障碍，就应认识到伤害的后果，及时脱胎换骨改变自己，严重不能自拔者应及时到专科医院进行救治。

精医博爱。让世界充满爱，让生命更精彩是医务人员的神圣职责。有人说"现在死都不怕，还怕活着吗？"许多有心理障碍的自闭症患者会把自己封闭起来，认为封闭自己是对抗内部及外部世界的本能防御方法。封闭能够暂缓一定的内心伤害的痛苦，但会构成新的心理障碍，有的甚至还会出现心烦意乱、胡作非为的现象，不听劝说，自己想不开，最后用自杀或搅乱社会秩序的行为进行最后的抵抗。

第三节

世上没有完美的人　宽心自慰解除痛苦

　　我认为心理障碍的人分两类。一类是轻度的心理障碍，这类人遇事经常想不开，但经过学习静心平衡的智慧，又能看开一切。

　　世上没有完美的人，每个人都要谨记，不论人生拼搏的过程中遭遇了多少坎坷与灾难，都要勇于坚强地面对，坚强的心态是会让伤口慢慢地好转的。当你创业失败想不开、破罐子破摔时，就会对未来失去信心，放弃拼搏多年的事业，从而失去了即将成功所带来的长久幸福。

　　总结经验教训，悟出成功之道。创新能获得美好未来，而人生最大的成功就是从重大失败中坚强地站起来继续拼搏。人生小事做不好，难成大事，能吃天下苦的人，能忍受各种精神心理无情打击的人，才能成就大事业。人生拼搏之初都有可能犯大的错误，但用静心的智慧来弥补，能充分发掘自身最大的潜能，改变自己的命运。

另一类心理障碍的人是重度的精神心理疾病。二十多岁的人，六十多岁的心。他们习惯生活在自己的世界里，不听任何人劝解，就好像来自遥远的星球，这种人不知破碎了多少亲人与朋友的心。

这类人的内心深处是一个让人难以捉摸的隐私空间，外层都是用自身各种伤害而砌成的砖墙，而且越砌越严，透不进一丝阳光。这种病人对生与死都无所谓。殊不知，能够解铃，让他们内心照进阳光的人，不是别人，正是自己。

一位画家在毕业后，按理想追求画了多年画。但最后还是没有被社会及他人认可，此时自己也认为自己没有生命价值，所以就不敢面对生活的艰辛，用刀先把自己的作品划坏，再用刀割腕自杀。而这种场面却被当时在一边的孩子看到，使孩子受惊吓也产生了自闭症。

轻度的抑郁症内心烦躁不安，重的则会成间歇性精神疾患，心情时好时坏，很难控制，对什么都反感。总之，家长的许多不良行为，是导致自身与孩子同时患上心理障碍的主要原因，若自身不醒悟，对成功或金钱看得过重，会在言行失控后造成作茧自缚的心理束缚，从而让自己与亲人终生无法获得快乐幸福的生活。

心中有爱，才会解除心理障碍的痛苦。生活中有的人之所以无爱心，是他们从小没有得到过爱所造成。曾经有一个家中有四个孩子，而当时母亲只能尽力照顾到大的三个孩子，忽略了最小的孩子。此时小儿子对母亲说："妈，你照顾哥哥、姐姐我无怨言，您一天给我做三个大饼子就行。"从此，这个小儿子立志一定要好好学习获得成功。功夫不负有志者，经过多年刻苦地学习，不断地实践，终于考上了自己最理想的大学。

强者自强，人生有志者事竟成。这个有志气的孩子在大学期间也不向家里要钱，他利用勤工俭学挣来的钱来交自己的学费。通过几年刻苦努力学习，最后终于以优异的成绩毕业。毕业后以自己的能力在美国开了一个大公司，挣了很多钱。而当他名利双收时，他也从未感到过幸福快乐。这时他找到了心理医生来咨询。心理医生说："你现在的心已被恨填满了，所以感受不到快乐幸福。你现在就应该联系你的亲人，把爱心释放出来。"

情感永远比金钱更重要。钱虽然是生活的基础，但也不能让它成为自己与亲人、朋友之间的"冰山""死穴""血海""雷区"的导火索。现实生活中，人与人之间往往都是因为钱的问题，为彼此情感设立了"隔离墙"。至此，让世上最珍贵的情感变成互相伤害，甚至导致彼此身心疲惫、崩溃无助痛苦的起因。

人生追求的是亲情、友情和爱情，而世间最幸福快乐的是亲情永恒。当这个成功者在二十多年后第一次打电话给母亲时，母亲含泪告诉他："我们家每个人都在想你，你快回来看看吧！"当他踏上祖国的土地和被母亲拥抱时，心底豁然开朗，以前的积怨已飞到九霄云外。随即他将挣的钱拿出一部分来，不但为年迈的父母及亲人们买了好房子，还改变了贫困亲人们的生活窘境，帮助了社会上许多需要资助的孩子上学、就业，获得成功幸福，这时他才真正感受到心底的温暖、快乐和幸福。这种亲情的沟通也祛除了他多年的心理障碍，使他成为一位有真情实感，懂得人生价值，事业更加成功，内心快乐幸福的人。

"心理活性调整" 避免偏执崩溃后果

美国研究人员通过对大脑的功能活动进行核磁共振扫描发现，适当地调整心情，适当地释放压力，适当地休息都会对心理障碍有特殊的疗效。这种让"心理活性调整"的过程，就是减轻心理压力的过程，也就是让心豁达，不想烦恼事，达到万事皆能想通的自我疗法。

常想悲伤是痛苦的根源，常想快乐是幸福的源泉。德国临床心理学教授托马斯·魏瑟带领团队发现，当人们听到"煎熬、折磨、痛不欲生"等痛苦词汇时，脑部控制痛感的区域被激活，从而产生各种压力与痛苦的烦恼。

心理障碍的不良应激反应，会诱发灾难的后果。生活中，心理障碍重的人容易剑走偏锋，遇事容易用极端思维看待问题，好较真、小心眼、爱钻牛角尖，明明简单的事在他看来无比复杂。而在自然界中，愤怒到极点的结果就是毁灭。

心理障碍疾病即害人更害己。如有的医学专家、成名歌星、画家、作家等在经历多年的逆境拼搏后，还是不能被社会认可，这样就会造成严重的心理障碍，不愿面对过去的悲伤，就好像全世界都把自己抛弃了一样，而产生绝望痛苦难以自拔的心理。

心理障碍会产生偏执的言行。生活中，许多获得非凡成功的名人，都是在经历难以承受的心理磨难后，痛彻心扉，不断回忆坎坷经历而产生绝望的心理，一时想不开，大脑出现一片空白后，让自己以跳楼的方式，或其他难以预测的方式自杀身亡。

心理障碍是罪恶之源。犯罪心理学分析证实，许多罪犯作案前并没有前科劣迹，与被害人之间也没有个人恩怨，完全属于公共场所突发型。犯罪心理学分析，这是属于绝望引发的社会报复，就是那种"我活着没意思，死活无所谓，甚至是我不好过，大家也别想好过"的心理在作怪。

由此看出，预防治疗心理疾患的必要性与紧迫性。其实，个别在死亡线上挣扎的穷人，吃上顿不知下一顿，生活的艰辛给他们带来的心理困苦，不比许多成功人士差。日本一些著名作家，甚至是诺贝尔文学奖得主，如三岛纪夫、川端康成等，皆因创作力贫乏，写不出更好的作品而选择了自杀。

成功者对失败的承受力更低，其实成功人士在创业的过程中是很容易患上焦虑障碍的人群，他们几乎占到总数的 1/5，创业者中大多学历比较高，社会地位也比较高，收入不菲。这些人虽然心理症状表现各异，但都具有怕失败的恐惧心理，这种不良的心境容易造成内心似地狱的伤害，极易造成恐惧悲哀的绝望心理。在他们看来，作家不能写出好作品，他的创作生命就结束了，肉体生命的存在也就没有意义了。

心理活性调整对每个人都很重要。不学以致用静心平衡大智慧的精华，是人生最无知的表现。当一个人重度心理障碍发作时，脑子里是一片空白，不管你是谁，不管你以前对他有多大恩，甚至连父母、妻子、儿女都不考虑，脑子里只想做自己想的一件事，绝不考虑后果。

每个人要远离有重度心理障碍的人，千万不要与他们斗气，斗气会引火上身，后果不堪设想。如发现这个人有心理障碍的异常言行，要及时帮助他找心理医生治疗或找他最信任的人进行正面开导。

在自然界中，人与其他动物孤独死亡的形式是相通的。野兽知道自己快要死亡的时候，就会将身体的各个部位咬破来加速死亡。而人是通过各种损害身体的行为，如大量吸毒、酗酒把身体弄跨，造成心脑血管疾病，特别是心脏病、肝硬化来加速死亡的进程。

本人曾在辽宁电视台《健康一身轻》的栏目中讲过，压力是给人体造成的精神心理负担。如果压力过大，作用在神经系统，就会出现精神压抑、思维混乱、内心烦躁不安的现象，作用在副交感神经，就会造成食欲障碍，产生消化系统疾病而导致消化不良等症状；作用在视神经，就会造成视力减退的后果；作用在听神经，就会造成耳部突聋的病症。

从心理学的角度来讲，任何事情本身不会产生压力，而是人们对它的认识、理解产生的作用。现实中，我们无法改变那些既成的事实，只能调整自己的心态，改变看问题的角度与方试，避免内心产生偏执崩溃的后果。

人生十有八九不如意，平时总想那一二如意的事，内在情绪就会得到活性调整，避免向不良心情发展。每个人都要肯定自我的价值，深刻思考自己什么事应该去做，什么事不应该去做，充分看清人生中什么事最重要，抓紧时间朝有自身生命价值、长远的目标努力，并勇敢坚强地面对失败，这样才能祛除心理障碍，迎得轻松快乐、美好幸福的生活。

为人类写好书的信念是我的翅膀。好心情是生命的阳光雨露，它是自己给自己最无价的财富。人活着就是活一种积极乐观的轻松心情。这种心情在受到各种压力挫折后，依然能够保持心态的平衡。心理健康往往是建立在精神快乐的基础上的乐观思维，有什么样的思维就会出现什么样的心态。任何人也不要忘记当初我们拼搏的心灵目标，以及受到的伤痛和流过的心血。

　　我认为，生命的无限风光在险峰。好作家应该贴近生活写作品，应当把自己经历的喜、怒、哀、乐的不良应激反应的成功心理写出来，教育他人如何以静心平衡的适者心态，打开心理障碍的偏执崩溃思维，及时应用心理活性调整好心情，达到万事皆能想通的自我疗法。

观念信仰决定心态 "人安病自除"

何谓幸福？幸福是心灵情感找到快乐的知足感觉，幸福是无任何压力负担的身心健康地生活，幸福是每个人在生活中的心情阳光。只有那些心甘情愿用智慧勤奋付出拼搏并获得成功的心灵，才能真正感悟幸福的滋味。如果每个人能够时刻保持美好心情，心态就会自然平衡，幸福感就会温暖全身。

信仰决定心态。每个人都会有自己的人生价值观，有的人务实、勤奋、肯干获得一定收获，内心喜悦；有的人好高骛远，结果一事无成，内心沮丧；有的人生来胆小，怕这怕那，生怕风吹能吹断腰，雨浇能浇散架，雪压能压变形而内心恐慌。

正确的观念远比药物的毒副作用，伤元气的手术副作用，巨额的医药费用更让人心惊肉跳、触目惊心。正确的观念产生正确的思维，引导正确的言行，能及时发现滋生的心理疾病侵蚀心田，防治心态失衡，避免瓦解幸福生活的悲剧发生。

古代诗人陆游的"人安病自除"、白居易的"心是自医生"、朱熹的"心平气自和"等。都在告诉我们一个获得生存幸福的哲理，那就是保持静心平衡。修养自己的心，才能做最好的自己。

从人文的角度来讲，情绪稳定对维持人体健康的新陈代谢非常重要，特别是对内分泌的平衡十分重要。和谐的生存环境，与人为善的情怀，能让大脑分泌一种叫"内啡肽"的快乐细胞，同时体内分泌出软化心脑血管组织的物质，以及令气血通畅的"元气"，同时每个人都能时刻获得让人保持愉悦的天然镇静心安良药，让自身处于稳定的状态的自由幸福之中。

精神内守是一种缔造美好心情，防止心态失衡的有效方式。从中医学角度，"神"分内外，内在的神是指灵魂，外在的神是指外在的言行。人生不可能处处阳光灿烂，也会遭遇许多坎坷烦恼。如果我们能用静心平衡的阳光心态去看待任何人与事，就会把注意力引导到使自己心情舒展的方面上来，即通过内外的表里沟通，言行的和谐释放，形成精神内守的平衡状态，使心态保持乐观，健康永恒。

心定气顺。从医学的角度来讲，大部分疾病的表现都是人体在清理体内代谢垃圾过程的反应，疾病所造成的心理问题也是的心理与生理的正常反应，不应该把它当成病因来消极对待。人体的健康离不开良好的心情，以及足够的气血和畅通的经络，这样才会解除我们的怨恨之心，形成心定气顺的美好心态，否则就会导致心急上火，肝气郁结，从而百病丛生。

通过科技手段和医疗知识，可以验证病源。透过疾病现象产生的原因，我们可以得出这样的结论，拥有心理智慧能够静心平衡的人，是会自我缔造美好心情的人，而让不良心态扰乱生活的人是悲惨的人。每个人都要及时从生命中学到智慧精华，深刻地改变最难改变的自己，如若不然，就有可能被新时代所淘汰，成为压倒自己身心健康幸福的最后一根稻草。

心理疾病的治疗最好的医生正是自己，放松心情、均衡营养、适量运动、安全用药，是保证生命健康幸福的智慧源泉。在复杂的人生过程中，不是世上的一切适应你，而是你为了自己的生活幸福，为了健康快乐去适应一切自然生存环境。

缔造心情靠情感。人是情感动物，当你在压力的极限边缘饱受痛苦时，要找最知心、最支持你的人诉说，这样可以起到安慰的作用。而当你孤独无诉说机会时，可以通过把心底的痛苦以哭的方式宣泄出来。

流眼泪是释放压力痛苦的一个方法，通过流泪可以排除毒素。当人体有了强烈不良情绪的应激反应时，体内就会分泌肾上腺素等化学物质，这些物质留在体内是有害的，人体通过流眼泪就能把毒素排出体外。

我认为，对待压力，一半释放，一半忍耐为好。人生是一个自寻其乐，适者生存的过程。适度的宣泄，能够平衡不良的心态。当你感觉压力大，憋得难忍时，不妨经常去无人处通过大喊的方式宣泄一下，如河边、山野、森林、公园等处。

喊的要领是：胸腔扩展，腹部隆起，口要张大，啊、啊……像练嗓子那样，并配上动作，双手向上、向下运动，嘴张开，同时换气，这样可以释放体内及颅腔内的气体，能够有效地释放压力，从而避免各种疾病的产生与发展。有时通过背地里骂一骂、摔一摔、打一打、撞一撞等方式，也可以把不良压力情绪释放出来，从而平复心情，继续向着自己想得到的梦想拼搏。

每天运动 60 分钟，能有效提高免疫力，增强机体新陈代谢功能，把体内毒素、垃圾排出，促进身心健康平衡发展。养生方法要靠自己掌控，生活有节律、乐观、爱运动的人，更容易获得身心健康，同时患心脑血管疾病、老年痴呆症的风险极低。

　　多晒太阳心情好。研究表明，接受日照时间越长，人的心理健康指数就会越高。这对许多遭受精神心理与心理生理压抑的痛苦，包括六神无主、乏力、思维停滞、头重脚轻、焦躁不安、欲望低下、消化不良、欲睡不能等各种亚健康状态都有很好的治疗作用。我们每个人都要学习向日葵，哪里有阳光，就朝向哪里。

第六节

防治心态失衡　有效纠正心理偏差

从医学心理学角度来讲，如何从精神心理与心理生理上预防和治疗心理失衡非常重要。心理治疗的方法有精神刺激法，即由弱到强地进行刺激，使自己能够逐渐适应刺激，及时改变不良刺激给身心带来的压力和伤害。最常用的是精神分析法、认知疗法与行为疗法。这些方法的治疗目的在于影响患者的人格、心理情绪及纠正心理偏差。

精神分析法是寻找疾病的原因；认知疗法是通过学习来改变错误的思维方式；行为疗法是靠自我调整身体内部器官功能活动，使过度紧张的心理状态转变为爱心平衡的心态。

这个世上，只有健康和生命是属于自己的，以上这些疗法特别适用于高血

压、冠心病、各种精神刺激而产生的偏头痛和紧张性头痛症状。心理不平衡的情绪与心理冲突，愤怒情绪如果被压抑，会加重心脑血管疾病的恶化，对原发性、继发性高血压的发生有严重的不良影响。

最新北方长城防治心脑血管的顶级专家指出，我国现有约三亿高血压患者，但防治医生的比例偏少，所以疾病的防治还在于自己的掌控。

医学专家汉克逊，对于在怎样的愤怒状态下发生高血压进行了一系列的实验研究。他们给予被试者同等强度的激怒，一组允许他们发泄自己的愤怒，另一组不准他们发泄自己的愤怒。结果，那些被强迫压抑情绪的人容易发生高血压。

实践证明，被压抑的情绪所造成的心理冲突是心理因素影响高血压的原因之一，而人们可以通过合理的宣泄，如说、哭、喊等宣泄方法发泄烦恼，调整不平衡心态，或求助心理医生来进行治疗。在生活中，导致心理不平衡的疾病很多，我们以冠心病为例，其危险因素可分为生物学和心理（行为）社会两大类。

生物学因素主要跟遗传倾向有关，包括高血压、糖尿病、血脂异常、肥胖、性别等；心理社会因素有心情长期处于压抑状态，生活变故、性格特点、行为类型、生活方式上的不良习惯（如吸烟、不爱活动、多食和动物脑类等含胆固醇的食物等）。

肥胖并发症，危险夺人命。肥胖多是由于是吃得多、排得少。人体气不足则胖，血不足则瘦。肥胖容易导致睡眠呼吸暂停综合征，引发猝死；肥胖容易出现高血压，会导致内环境紊乱，引发糖尿病、肾衰竭；肥胖容易造成高血脂，引发心梗、高尿酸，也会诱发心脏病、肝硬化、肝癌等病，夺走人宝贵的生命。若一个人体态不协调、匀称，就是潜在的不健康体征。拥有好心情、好身材，才能有高质量的幸福生活。

从精神心理学角度来讲，宣泄是将心中的痛楚宣泄出来，这样才会给自身带来极大的精神解脱，使人体感受无压抑的舒畅与自在。宣泄是每个人摆脱各种烦恼的必要手段，也是强化自身意志力、增强战胜困难的动力所在。

身心健康，只有靠自己。及时宣泄能使人重建合理的情感结构，保持静心平衡的良好心态，更有效地应对生活中各种烦恼、困惑，转压力情绪为拼搏动力。莎士比亚曾说过："善于领悟人生的人，懂得如何思考和行动，能够从碎屑的事物中发现闪光的契机。"

心量有多大，内心就有多静。领悟能全面深刻地认识心理状态不平衡的起因及障碍过程，就能有效地纠正心理的偏差，防止不良情绪对心态的影响，提高心理认识程度，积极地协调心理环境中的不协调反应，以健康快乐的心态对待人生，从而减弱不良心境的危害，强化自我控制，及时祛除不良情绪状态与言行方式对自我的封锁，从而获得内心的和谐完美，促进心理状态不断地走向成熟。

前卫生部门的一位领导曾说过："我觉得，能够成为医务工作者本身就是一种幸福。因为这项事业是如此崇高。"这话也说出了全体医务人员的心声。

学以致用静心平衡大智慧，让心简单透明，轻松唯美，内心强大无敌。人生许多意想不到的事情都会发生，能承受的也得承受，不能承受的也得承受。承受是人生精神智力的体现，是人生苦涩而美丽的一番心境，也是生命中精神心理健康的具体体现。

对人生中的幸福与苦难，承受者会以超越自我弱点的气概及时地调整心态，保持一个谈笑自如的自我。承受是心态平衡的表现，因为能承受各种逆境的压力打击，及时宣泄各种压力，领悟人生，这样才不会偏离生命健康的轨迹。

生活中能承受住挫折打击是心态成熟的体现。人生没有冬天的寒冷就没有春天的美丽，没有夏天的燥热就没有秋天的收获；人生没有科技知识，就不会迅速纠正心理偏差，让每个人健康快乐成长。

让自己变优秀什么也不怕。承受了阳光哺育，就会产生积极的心态，获得丰硕的成果；人生承受了巨浪，就会让波涛汹涌的心情平衡；人生承受了逆境的煎熬，就会获得生命中最希望的成功幸福。

人生成大业者要具备爱心、决心、信心、耐心，要拥有感恩、知足、坚强、无悔；要懂得及时了解自身不足，控制好各种欲望；为了实现成功梦想，有效纠正心理偏差，就要掌控好精神心理与心理生理方面的情绪调整。

生命中最重要的是找准人生位置，自寻其乐，适者生存的过程。而人生的疾病主要来源于基因变异，以及环境、食品、药品及精神污染。每个人要想获得健康幸福的人生，就应当学好用好医药学知识，及时调整好心态，这样才能让心理状态处于静心平衡，让珍贵无比的生命，更加健康快乐，丰富精彩，幸福无穷。

自我感觉异常 是狭隘心理在作怪

　　自我感觉异常也是心理疾病的一种，是指自我感觉与正常时有了差异，如平时集中精力忙于工作和生活，心理活动经常指向外界事物，而对自身健康不留意，就会出现迷离的反应。

　　心理狭隘的人一旦患病，就会把注意力及时转向自身，感觉相当敏感，甚至对自己的呼吸、心跳都会察觉得很清楚。常会出现睡前不安的心理躁动反应，睡觉时不安稳，上下左右翻腾，总觉得心不踏实，总出现意志力低下的"六神无主"反应。

　　自我感觉异常的心理疾病患者还会出现各种错觉现象，如因病到医院住院，总感觉时间过得很慢，特别是慢性病患者，心情总是压抑，有度日如年的痛苦感觉。

　　正常人认为鲜美的食物有味道，却可能引起心理疾病患者的出现倒胃口感觉；正常人认为美丽的颜色，而心理疾病患者会感到心烦；正常人认为是动听的声音，而心理疾病患者会感到闹心刺耳。心理疾病患者出现的异常感觉，很可能是躯体疾病的心理反应，每个人都要以同情的心态，从心理上给予这些患者充分

的谅解并加以开导。

孤独感容易产生心理疾病。当一个人在自认为是对的事上下功夫而不被任何人理解看好时，时间一长便会从心底滋生孤立、无助的感觉。特别是对于一些意志薄弱的人或中老年人，得了一点小病也容易产生孤独感。如该吃饭时不吃，该睡觉时到处转悠，这是由于心理有被遗弃的焦虑。

孤独感会产生厌恶一切的灰色心理反应。当自我感觉无助于自己，无助于家庭，反而成为家人和社会的累赘，感到孤独和被遗弃时，甚至有可能出现挫败感、情绪抑郁而萌出各种罪恶心理时，如不及时就医，谁都难料这个心灰意冷的人，心理何时崩溃成毁灭一切的状态，出现各种茫然若失的言行和冲动。

失助感会产生心理疾患。当一个人在拼搏中，能够感受到自己对所处环境没有控制力，并无法改变它的时候，就会从心理上产生各种不良的反应，产生失助的感受。这也是一种心有余而力不足、无所适从、被动无能的情绪反应。

人一旦控制不了自己的情绪，心态就会失去平衡，自我感觉就会出现异常，从失助感中产生对生活绝望的抑郁表现。这是由于自信心的降低、自我价值的减弱，感到生命受到现实威胁的心理不良应激反应。

人在患重病住院后，最明白健康自由的幸福。心理疾病患者会特别爱回首往事，想念亲人与朋友，留恋人生。这种消极情绪不利于心理康复，挚爱亲人与朋友要给以心理支持，激发患者战胜疾病的信心，转化灰色的心理反应，重新健康地回到幸福快乐中来。

生命中最强的力量就是希望。心理疾病患者所期待的心理健康是指向未来的美好想象的追求。一个人生病后，不但躯体上发生着变化，心理上也经受着折磨。因此不论急性或慢性病人都希望得到确诊治疗康复。

心灯照亮生命。抱有期待心理的许多病人，不是讳疾忌医，而是懂得生命健康的价值，会想方设法四处求医，他们总是想把希望寄托于医术高超的医生，希望能治好他们的疾病。这种希望对心理疾病患者是渴望生存的精神支柱，是一种积极的心理状态。

医学，让人类生命充满健康与幸福。"内疚"是造成狭隘心理疾病的起因。有许多怀有梦想拼搏的人，在经历各种磨难和无数次的挫折后，还是没有实现心中的幸福目标。如期望值与现实之间存在着巨大的差距，忙了数年，结果没有收获，却浪费了大量的精力与财力，从而导致身心过度疲劳的心理不健康状态，或者因此产生自私心极强的狭隘心理。

工作狂是让人理解的心理疾病。科学家研究发现，工作狂和酗酒一样，都是一种受心理疾病困扰的心理情绪外在表现形式。在我们的周围，有人是以工作狂的敬业精神，抓住了成功的目标契机，获得了让人瞩目的巨大成功。这其中有的是希望责任的驱使，有的是以钱欲为动力的行为，有的是被爱人逼到迫不得已的地步，想用创业成功的价值改变命运，还有的是将体内无法积存与利用的能量，释放在自己最爱的事业上。总之，每个人的精神心理与心理生理都要靠自身来维护，都要认真思考选择，要有信心把握自身奋斗的目标与社会、家庭的关系。

狭隘心理是心理疾病滋生的根源。生活中发现有很多人爱占小便宜，不想吃亏，从心理学的角度来讲，这类心理问题与一个人小时候的成长经历有关，也与他们后天是否努力学习和改变有关。贪图小便宜的人在心理上都有较强烈的占有欲望，在占到小便宜后便会产生相应的满足感。

小时候家境贫寒，经济拮据，父母又特别节俭或吝啬，对孩子教育很严，很少给零花钱，家长经常在孩子犯小错误时用打骂来进行惩罚，家长的这些行为实际上已给孩子构成了一种心理障碍，这种障碍会严重地挫伤孩子自我认同的价值感及世界观，以至于成年后感到自己也不认识自己，让心理的疾病成为许多矛盾的根源。

狭隘思维容易产生心理障碍，心理障碍容易产生极端言行。在日常生活中，狭隘心理常表现为心胸狭窄、气量狭小，不能容忍不利于自己的议论和批评，更不能受到丝毫的委屈和无意的伤害，否则就会不择手段、耿耿于怀。狭隘心理也常常表现为吝啬小气、从不吃亏，吃点小亏心里就不是滋味，心理就不平衡，就会想方设法弥补受损的利益。

狭隘心理疾病通常牵涉到自尊心，在利益得失的人际交往中明显地表现出来。有的人是在生活中受到了轻视和蔑视，或者是受到了奚落和捉弄，或者是受到了指责和批评，或者是受到了误解和不信任，或者是在经济上受到了损失，在名誉上受到侵犯等。无论这些事的发生是何种原因，在新时代的今天应该得到理解。

狭隘者心胸狭小的气量会随时随地显露出来，使人感到难以与其相处。但是当这些情景不出现的时候，他们则如正常人一样生活工作。尽管他们有时也会给人一种不合群、自我封闭的感觉，然而在大多数情况下，人际交往仍显得自如、活跃、积极，以至于如不深交还难以发现其狭隘人格的心理缺陷。

狭隘与吝啬不同。狭隘是个人利益过度膨胀的表现，凡事不吃亏，无论是精神上或物质上，绝不允许自己的各种利益受到损失。生活中处处以"小心眼"的思维处事。岂不知，过度的节俭是吝啬，是不懂生活，是把身外之物看得太重的吝啬表现，这也是心理障碍的不良反应。许多经历过拮据生活的人，或多或少都会犯这种低级错误。

与人为善，终将回报。我们要改变这种狭隘心理，就是要提高自身修养。提高自身修养，可以多读书学习以补充时代精神营养，以此来充实自己，懂得待人接物的道理，使自己更有自知之明。平时多与心胸宽广的高尚之人进行交流，通过审视自己在人际交往中所表现出来的种种狭隘言行，让自己逐渐克服狭隘心理，获得阳光幸福的心理状态及生活。

第八节

人的心理被束缚　身体就难以解脱

精神心理决定人类的言行举止。有一天，一个著名教授把学生领进一间黑漆漆的房子，里面伸手不见五指，只有一束荧光线笔直地指向前面。教授要求学生踩着线往前走，摸到墙就站好。站好之后，教授点亮了一盏灯，借着微弱的灯光，大家发现刚才是从一条木板上走过来的，木板下现是个大深坑。

一个人精神紧张时就会产生抑制现象，这时教授要求学生再走回来，很多人都不敢回来。教授说："你刚才自己走过去的，怎么回不来了呢？""老师，我刚才不知道。"学生回答。教授说："知道和不知道有什么区别呢？回来"于是一部分人回来了，一部人留在对面，走不回来了。

这个故事说明的就是心理学所讲的心理被束缚，身体就会被束缚的道理。人生的成功需要冒险，但不要让自己有去无回，冒着失去生命的风险。世上什么也没有活着重要，有命在，才会创造机遇，实现理想，获得成功。每个人的生命都不是单独存在的，都是为追求成功幸福而来的。

精神心理健康是每个人成功幸福的保障。有人提出"人的心理一半是天使，一半是野兽"，还有的人提出心理障碍疾病来自于心理的脆弱与刺激的引发。我认为影响人类心理是否健康的真正原因，主要来自于先天遗传和成长环境是否污染心灵，本人是否修身养性，内心是否强大，家庭培养是否正确，自身的生活经历及处事中是否有静心平衡的良好心态。

"人之初，性本善。"人来到世上是以天使的形象出现，家长若不能给孩子创造无忧无虑的生存环境，并且互相争吵不休，经常拿孩子当出气筒，这样会使孩子从小受到惊吓，精神恍惚，不能好好学习，长大后找不到所爱的人，找不准自己的位置，更找不到心灵的栖息地。这些都是造成一个人产生心理障碍，变成野兽的一个方面。

家长在孩子的成长过程中，一定要用爱心培养，这样才能让孩子有自信，在无忧无虑中快乐成长。儿童在成长中的心理障碍则来自心理懦弱，遇事心理失控，不能坚强面对挫折，受强烈刺激引发心态失衡，从而改变人生观和生活态度。

每个人在这个竞争的生存环境下都不能攀比，要懂得人比人要活着，货比货要留着；前头有坐车的，后边有拉车的，我骑车在中间很知足。这个世上，人需要有忍耐一切的能力，没有任何理由比生命健康活着更重要。

生活中，不管你经历了多么大的痛苦，也无论别人怎样看待你，你都要坚强地面对一切困境，发挥自身最大的潜能来实现自己一生中最重要的成功幸福。

聪明的人会在绝境下看到希望，糊涂的人会在希望下看到绝望。聪明的人会在拼搏的适当时机做好自我心理的调整，而心理健康者对成功幸福的追求态度就是决不放弃。同样的学习，同样的事业，同样的时间，为什么有的人能成功，而有的人却不行？关键在于谁学得更加扎实刻苦，谁干事业的决心更加坚定，谁的付出更多。

"天人合一"是人与人之间，人与自然之间对和谐生活的渴望，人与人之间最重要的纽带就是互相尊重，尊重别人就等于尊重自己。你总对别人存在心理障碍，总防着对方，对方也会对你有戒心，这样就会造成彼此面和心不合的尴尬心理，从而无法理解对方，无法与对方合作共发展。

生命中精神快乐最幸福。聪明的人会把对手当作朋友来相处，以团结、支持的方式来战胜自己的内心、战胜对手。生活中，无论是有轻度心理障碍，还是有重度心理障碍的人，只要经过学习，认真清除心理失控的根源，就能够及时地改变心态，成为一位追求幸福的人。学会欣赏，对他人充满热情，看到他人的优点，才能解脱心理束缚，让身心自由快乐。

清则自洁。已患上深度心理障碍的人，可以说他们是受到意外伤害的牺牲品，值得同情，也可以说他们是现实生活中的心理疾病传染源，让人可恨。他们只要一睁眼就以爱吵、爱喊、爱骂的不平心态出现，总是以欺负弱者的方式来发泄私愤，达到污染其他人精神心理的目的。

生活中存在心理问题的人非常多，他们心怀鬼胎地说三道四，如看到别人买裤子，说别人"作风出了问题"，看到已患上口眼歪斜的人戴上墨镜与口罩，说"这个人在玩派"。这类人如不及时祛除心理障碍，就会出现恶有恶报的严重后果。

有爱才有家。真正懂得生活的家人，应当是在工作上互相支持，在生活中互相理解。俗话说"家有贤妻男人不作'横'事，家有好男人女人生活特幸福"。家本来就是一个温馨的港湾，是亲人共同享受快乐的地方，而个别有心理障碍的女人会把家搞得昏天黑地，把男人搞得喘不过气来。个别有心理障碍的男人也会自私、无耻、无责任地把家搞得不是家，造成妻子与孩子无家可归，生活不幸福。

由于这类有深度心理障碍的男人或女人，心理与情感是双向障碍的。这种病态的人根本就不重视人世间的美好情感，容易怂恿亲人走向犯罪道路，造成孩子无人管教，造成自身无情又无耻，恶有恶报，到处碰壁的厄运。

人生得到是福，给予是福，及时想开才是最大的心理健康幸福。中医理论指出"心静则生，心躁则亡"。静者心情如水，安心快乐；躁者伤津耗阳，身心受累，元气丧失。遇事想不开就会形成心理障碍，肾抓不住"元气"，这就会造成如焦虑、抑郁、躁狂、精神分裂症状等，压力大、"过劳"是导致我国一半以上成年人失眠的重要原因。睡眠是生命的源泉，长期失眠会扰乱每个人的正常学习、工作与生活的信心与质量，从而产生重度心理障碍而危及生命。

婚姻是每个人一生中都要经历的最重要的事情，它能决定夫妻与子女一生的幸福。夫妻闹离婚会让双方家庭与孩子产生心理情感障碍，这样家庭里成长的孩子，有可能会失去一生追求的理想目标，对人生冷淡，对爱情不信任，对什么事都不会产生激情。饱受这种伤害的人，大多数都会出现刻骨铭心的悲伤，这也是造成许多人出现过度"神经质"、多疑或焦虑恐惧，永远得不到安静平和心态的重要原因。

每个人的命运主要掌握在自己手里，人生的路是由自己去走，自己去选择的。找对象时一定要看清对方的本质，是否有爱心和责任心，这样才会避免婚姻中的各种不良后果的发生与发展。

夫妻是同命运的人，既然成为夫妻就要爱屋及乌，不看总以前，应该看到现在与未来。生活中许多女人或男人的心理疾病都是由于三观不同所造成。真爱对方，就要为对方、为共同的幸福改变自己的不良心理。

人是情感动物，在一起生活时互相关爱最重要，不要等到亲人病危或去世时，才想应该如何珍惜亲情。如最重要的亲人患病或去世后，会造成自身压力过大而产生疾病，最常见的是形成解不开的心理障碍，如"这个人过去也没干过坏事，他或她为什么患这种病？如果无药可求那可怎么办？"遇事想不开就会产生严重的心理障碍。

人有旦夕祸福，什么也没有活着重要。从医学的角度来讲，当人体患重病昏迷或去世后，是没有神经和感觉的，无论怎样心痛也不会改变这种现实，同情亲人遭遇可以理解，但为亲人过度悲伤是不理智的。而人类最终要抛弃的，正是最难民割舍的至爱亲情。

这种绝望心理是心理障碍的表现，不但会让自身患上重病，同时也会让亲人因过分担忧而病情加重，产生绝望的心理。只有及时摆脱心理障碍的束缚，才能穿越苦海，免受灾难。

双相障碍是一种情感障碍疾病，是心理怒火与痛苦交织的产物。这种患者往往都是在心理上受到不同程度的严重打击后，而形成的从焦虑、抑郁、恐惧到自闭、恐惧、分裂发作的过程。这种患者有时是从一个极端到另一个极端过度，有时交替出现，年龄以 20 ～ 70 岁居多。

深度双相障碍的人常伴有自杀的企图，或经常六神无主，有危害他人的言行。对较轻的心理障碍患者，要找能使自己开心的朋友交流，亲人不要指责他们，要理解他们内心的痛苦，全力帮助他们解决各种压力困扰。

抑郁患者中大部分是内心想不开的双相障碍者，我们要远离这种患者的潜在危害，做到早预防、早发现，早治疗，对于疑似心理患者，应及早送到精神病专科医院进行诊治。

当我们充分认识到心理疾病的根源时，自身就要建好心理屏障，及时清除精神污染带来的心理垃圾，及时摆正心态，远离各种疾病的危害，用心理保健的知识驱散烦恼，真正成为一位身心健康快乐的幸福人。

第九节

心理改变才能换脑　深度清除自身"癔念"

　　从医学角度来讲，心理是人体大脑的机能的表现。心理改变才能改变大脑思维，深度清除自我"癔念"。心理是指每个人精神上的反应，生理上的感受及做出的心理调整。心理教育是对人们在成长过程中，进行积极有益的心理健康教育。主要目的是让人们清楚地判断自己的言行，用智慧去完善心理需要，从而适应生存环境，创新生活，获得幸福。

　　心理健康包括精神心理与心理生理。它是每个人都希望拥有的最大财富，也

是每个人获得生存幸福的基本权利，而人与人之间最大的伤害莫过于对一个人心理伤害后产生的恶果。心是所有言行及成果的根源，邪恶的心引发出的言行及"癔念"只会带来痛苦，懂爱的心所表现的言行意志会带来快乐幸福。

人无完人，每个人从一出生就会有一些不良的心理或想法，如偏见、固执。如果你想成为一位尽善尽美的人，就要从小树立关爱他人、同情他人、帮助他人的善良心理，这样你才会得到大家的帮助，才会产生对生命美好渴望的拼搏激情而获得成功。

现代医学健康包括身体健康与心理健康两个方面，两者相辅相成，只有心理健康，才能保证身体健康。随着社会生活的不断变化，人们在生活过程中会遇到各种意想不到的心理问题，心理的矛盾与冲突以多种形式表现出来，这也是心理疾病呈上升态势的重要原因。

心理健康的人，学习成绩一般会超过心理不健康的人，这是因为对学习的心理态度所造成的。心理健康的工作者的工作效率要高于心理不健康的工作者，关键在于心理健康的人，遇到逆境挫折拥有更强的精神心理忍耐力。

心理健康的标准具有相对性。任何事物都有对立面，因此对任何事物的判断都要从相对的角度来看待。健康心理的对立面是变态心理，而变态心理是指这个人的心理想法与意志行为偏离了正常的生活轨迹，而正常与异常是相对的。

从心理学角度来讲，由于每个人的人生态度不同，所站的角度就不同。你认为别人的做法不对，而别人也同样认为你的做法是错误的。人与人之间交往处事的正常与异常，主要看一个人的出发点与接受者的心理想法是否一致，而没有绝对的正确标准与衡量尺寸。

心理健康的标准认为，大脑是人体的反应器官，心理是大脑的机能的表现。一个人能够充分了解自己，把握自己的潜能进行创新，就能获得幸福。若一个人甘心沉沦，不思创造，别人无法帮助你，而当你醒悟后，才会懂得生命的要幸福靠自身创造，才会对生活的目标准确地进行把握与创造。

心理健康的人，具有天生具有想象力、创造力与应变能力，不仅能保持良好的人际关系，也能适度地发泄情绪，减轻精神心理及心理生理的压力，还能理智地控制自己的言行，在不违背客观生存的环境下，发挥个性特点进行创新，从而获得心理所期盼的幸福满足。

世上什么药都有，只是没有后悔药。人生是一个极其繁杂的生存过程，出现怒火中燃烧的心理疾病不可怕，怕的是不针对病因去学习，去预防，去治疗。每个人都要及时把造成失败的原因找出来，或者通过找心理医生把心理调整好，从现在做起，也能通过改变思维，清除"癔念"，获得健康幸福的生活。

跟疾病起舞，等于自掘坟墓。终生职业有可能是我们医务工作者、教育工作者等其他工作者心理障碍产生的原因或诱因。一天，一位兄长退休了，他走时对我说："老弟，我一辈子最不愿搞 X 光工作，结果却干了一辈子透视工作。"我终于明白了这位老兄平时脾气暴躁的主要原因，是因为他所从事的工作，违背了内心意愿产生了心理痛苦。

如同"自己的刀削不了自己把"。作为医生表面挺风光，但这个职业会经常受到精神污染，造成的心理障碍非常严重。比如有的患者来看病，心理非常焦躁，来了就朝医生大发脾气，这也使得许多医生或轻或重地感受到精神污染，从而产生心理障碍疾患。

医者仁爱，健康最美。我们不但要用精湛的医术去治疗患者的各种疾病，更要用充满爱心的言行去帮助心理障碍的人摆脱来自精神与心理的压力，用健康的身心，迎接生活的洗礼。人生的成功幸福需要心理经历无数次的从天堂到地狱的打击，才会从坚强中迈向成功。

一位中医专家，每天要看一百多位患者。而当他因劳累过度及长期的不规则生活，患上高血压等心脑血管疾病，同时也患上了心理障碍疾病时，别人怎么劝他少吃肉、少喝酒，他就是不听，说："我是医学专家，你不懂。"结果刚过七十岁就离开了他钟爱一生的医疗岗位。

一位老师退休后，家里条件十分优越，不但有多处房子，孩子在国外也有高薪工作。不但有丈夫体贴的照顾，而且没有任何让她发愁的事情。面对这样无忧无虑的生活，她却病倒了。生病的原因是退休后无人陪伴，也没有兴趣爱好，长期的孤独寂寞，让她的内心产生了障碍。

生命是一个自寻其乐的生存过程。当一个人悠闲时，精神上更需要有寄托，珍惜你现在所拥有的一切，有时间要找感兴趣的事去做，找知心朋友去交流，开心快乐地享受以前没有享受过的幸福，这样才能脱离心理情绪障碍给自己带来的各种无奈痛苦。

生命之所以珍贵，在于时光短暂，没有来生。生命中的强者自有使自己远离心理障碍的睿智选择。正所谓："人生为善，福近祸远，人生为恶，祸近福远。"有心理障碍就要学习改变，找心理医生对症治疗，只有放下造成心理障碍的想法与做法，才能祛除心理障碍的危害和影响。

静心平衡，适者生存。其实，心理障碍说白了，就是一个人的心理对客观现实的认知、醒悟与改变能力出现了障碍。这个世界上的人与事，不会因我们心理不能适应而改变，而是需要我们为了生存更加美好，需要改变自己的不健康心理。

生命的精彩在于每一天都可以是重新开始，追求梦想可以随时启动。面对繁杂的人生，人生怎么过都是一天。"高高兴兴是一天，苦恼悲伤也是一天"，这是一位出车祸，下肢被截去的患者对健康人的忠告。人的眼睛为什么长在前面，就是为了向前看，向前想，忘记过去的烦恼与忧伤，静心平衡看待一切，让心田永远成为鲜花盛开的地方。

健康就是幸福。现实中，天堂与地狱之间只有一线之差，那就是人间。祛除心理疾病就会获得人生至高境界是幸福，不改变心理障碍就会造成终生痛苦。这个世上"心静则生，心躁则亡"。

读懂人文好书，人生没有怨恨。读书是为了完善自己，身心健康幸福地活下去。每个人在大起大落的生命过程中最需要的是学会忍耐，就是学习心理适应的各种能力。蜕变是生命的升华，患上心理障碍不可怕，怕的是没决心与意志去改变最难改变的自我恶魔心理，与恶魔起舞，等于自掘坟墓。

生命是一个发挥最大潜能，改变自己，找准位置，自寻其乐，适者生存的过程。每个人的生命都是短暂的，都是为获得幸福而来的。人生不论何时何地都要给自己的心理创造一片有山有水、有花有草的美好境地，这样才能从心理上改变，深度清除自我"癔念"。

第六章

良好的心态意志　能抑制心底岩浆迸发

从精神心理学的角度来讲，心态指的是一个人在生存过程中的心理状态。它是人们认识、情感与意志行为。生活中计较多、事就多，思维就混乱，心情就遭殃。好的心理状态是生命的健康财富，调整好心理状态，各种矛盾就会少，就能及时平抚不良情绪应激反应的迸发。

最佳心理状态　有助于高质量生命健康

　　这个世上，什么也没有健康知识重要。医学心理学指出，心理状态指导每个人的意志行为，最佳的心理状态，有助于生命高质量健康。意志是人类特有的心理状态，意志表现为对意识中心理所想的言行进行调控。每个人的认识活动都是为了适应生存，认识与外界客观存在的现实及其发展走向。但每个人都是为了达到自己的心理目的而进行的活动，人类的各种活动与其他动物活动一样，是有目的性的。

　　学好心理学，才能避免不良环境对内心的伤害。人都按自己的想法，自发地去创新，从而获得幸福。但拼搏过程并非都一帆风顺，往往会遇到一些意想不到的压力、煎熬、坎坷、挫折，甚至是生死的考验，这时候就需要我们每个人对奋斗目标有所把握，用毅力和决心去突破重重困难，用生命正能量中的雄心意志，去顽强执着地追求人生价值的最高目标。

意志是自觉地确定目标，克服各种压力、烦恼的困扰，义无反顾地实现人生目标的心理支撑过程。意志过程、认识过程和情绪过程共同构成了心理条件反射状态，是心理过程受影响的三个不同的侧面反应。心理条件反射过程中的这三个过程之间的关系是相互储存、相互影响，牵一发而动全身的互补心理的统一行为。

生命过程中，有许多事都会出现意想不到的结果，让我们用意志去分化瓦解。心胸苦闷就像是岩浆喷涌，需要及时用静心思维，把心打开，认定成功绝非易事，岩浆就会被生命清泉取代，就会在心底筑起坚强的堤坝，用积极的心态去化解层出不穷的难题。

心态平衡，意志坚强，是战胜各种逆境中艰难险阻灾难的重要力量。认识过程就是把心打开，在静心平衡的前提下，意志活动就是斩断懦弱的利剑。每个人的意志活动都受心理情绪支配，意志过程是心理状态的基础，心理状态平衡就有能力决定意志发展。

心宽天地无限，人对自我心理能量了解越透彻清晰，心理认识就会越丰富坦然。对于有远大理想目标的拼搏创业者来说，目标越高，成功率就越低，成功就会越难，而成功就更有价值。

每个人都希望获得成功幸福，但每个人的各种能力不同，不能准确定位自身的能量，就很难选择符合自身能量的拼搏目标。拼搏中对自己确定的成功目标缺乏足够的坚定意志，心底岩浆出现小喷发就会六神无主，束手无策，找不到正确的方向。拼搏者没有良好的心态意志，就难以脱胎换骨地改变自身的弱点，无法在静心平衡中地实现自己一生最宏伟目标。

　　人生是一个认识自己、改变自己，用意志超越自身的弱点，越是艰险心态越佳，越敢向前的生命拼搏过程。每个人的意志都是在认识自我的基础上产生的，又反过来将认识升华到自身创业的漫长征途上。认识自我的过程，是一个重新学习的过程，需要用专业的知识，解除现有的各种精神心理问题，循序渐进地掌控方向，不断提高自身意志力，用正能量思维划破夜空。

　　人生没有意志力，就不会有全面地认识自我能力的过程。坚强的意志力能让人懂得"天道酬勤"的内涵。在人生拼搏创业中，只有用最佳心态不畏艰险地探索自身的最大潜能，才能够在各种极端逆境条件下，修正自己，用发展的眼光，跟上时代飞跃的速度，按照新时代进化的要求，找准自己拼搏的空间，认定天生我才必有发展，用意志力坚定信心，用百折不挠的心态勇攀生命之巅。

　　世界卫生组织认为，人体健康包括心理健康、生理健康与适应生存的能力。每个人生命中最重要的都是精神心理健康与心理生理健康。心理健康与生理健康是阴阳表里，互相作用影响的整体。只有精神健康，才会调整好心理与生理状态，促进生命健康成长。

　　身心健康，就是才华。在人与人的交往过程中，在人与社会与自然之间，必然要接触到与自身矛盾的生存现象。如是非恩怨、名利得失等现象，都会产生喜怒哀乐的情绪，从情感变化中演变成心理上的争斗，从而破坏生命健康成长。

　　人活着都是为了生存幸福，要想幸福就要用坚强意志力去战胜对手和自己的错误心理，让激情得以释放，让愤怒的岩浆得以消除，让生命在静心平衡的滋润下尽情地成长。

个性偏激言行 在于愤怒情绪泛滥

掌好心中的大船，稳定情绪向前。生命里程中最影响心情，造成心态失衡的就是愤怒的情绪。生活中，不同修养的人处理愤怒的方式是不同的，有的人遇事急躁，点火就着，很容易被激怒；也有的人则过分压抑愤怒；还有的人喜欢把愤怒情绪转移到其他事情上。

从现实来讲，人是一个情感动物，每个人都要了解自我愤怒情绪的不良影响，并学会掌握控制情绪的方法，对待恶言恶语要学会一笑了之，不去计较。心理意志力思维决定了心情走向，能够拨乱反正，明智地避免引起愤怒情绪泛滥的心理与生理后果。

心中无爱，孤独内向，高冷无情，是造成偏激言行及各种心态意志失衡的起因。不善于"制怒"的人，常常会因为不考虑时间、场合、对象，胡乱地发泄愤怒而给自己惹来许多麻烦，轻则得罪同事、朋友、家人的感情；重则造成重大失误、失去职业，造成亲人朋友反目成仇的后果。

会让自己失去自由的心态及行为包括，阴暗、悲观厌世、任意妄为、不走正道、违法乱纪。这样的人性格往往具有易冲动性，自己给自己点火，一点就着，

迅速燃烧，忍受愤怒情绪的能力低，用我怎么想就怎么做的方式，来暂时缓解内心的无奈痛苦。这种自损的冲动言行，会让他人看清自己丑恶的本质，从而敬而远之。更可怕的是给自己招来无情的伤害，给对手增加仇恨的报复。

生活中能出现别人挑理，多半是自己的不对。许多人不会"制怒"的原因，往往源于父母的先天遗传，及后天成长过程经历的严重心理创伤。偏激的行为，是不完整人格的不良状态反应，我们每位有良知的人都要同情理解这种内心有过重度伤害的人。

久怨成疾，久恨成病。人生对待恨的最好方法，就是学会理性处事，换位思考，用良好的心态意志与最深的爱来熄灭彼此心中的怒火。

医学专家曾说过，人的各种生活时刻都离不开正确心理的指导。过分压抑愤怒情绪的人，早年家庭环境往往具有抑制情感表达的特点，父母教养子女的方式倾向于过多的指责与惩罚，长期被指责惩罚的内心会变得冷酷无情，造成个性偏激压抑，这样的人表面表现得很听话、遵守纪律，不招惹是非。其实，这种人内心正压抑着烈火，像一座沉默的火山，外表是平静的，而内核却是汹涌的岩浆，长期压抑情绪的结果就会造成愤怒情绪的泛滥，导致个性偏执言行刺激下内心意志的崩溃，心态失控而突然爆发，导致或出现抑郁症沉默寡言的神经系统类疾病。

人生要管好自己，打开生命健康的清泉，今天是为明天打基础，明天是为未来进行幸福规划。在生活中，情绪需要发泄，否则会抑郁生病。医学调查显示，人群中大约有超过半数的人不会调整情绪，所以许多人都难以承受自己心底岩浆的苦楚，不会及时转移心理愤怒的情绪。

有一个幽默的故事深刻地刻画了这种现象。一位先生为了保住饭碗而委曲求全，在公司受尽委屈。老板经常会用偏激的言行刺激他，他从不敢与老板顶撞，于是把一肚子的窝囊气全往妻子身上撒。妻子将这股怨气转移到孩子身上，孩子挨了母亲的骂后不知怎样能解气，便跑出去踢狗，狗也想不到为啥被踢，窝着一肚子气的狗，跑到路上去咬了行人一口，而那个行人正是给先生受气的公司老板。最终老板厘清了被狗咬原因，懂得恶性循环的后果，改正了不良言行，用推心置腹的话语与职工交流，同时获得了和谐的情感与效益的提升。

送给他人宽容的人，自身将获得无价的友谊。随着飞速发展的社会文明程度的提高，各种竞争也变得非常残酷，人们不仅需要智慧，更需要用智慧及时调整好心态，用友善的言行，平抑心中怒火。

宽容沟通心相融，学会与世无争，是生命的大智慧。现在大家已把"喜、怒、哀、思、悲、恐、惊"的不良情绪所导致的疾患看得越来越清楚。生活中每个人都要树立正确的人生观，心胸豁达地面对生活中遇到的每一个人、每一件事，学会了怎样化解消极情绪为积极情绪。

偏激言行是心理情绪紊乱的外在表现。许多时候，人们觉得跟产生矛盾的人沟通有困难，所以就采取别的方式发泄内心的不平反应，正确的做法是在产生愤怒的地方或换个的场合，找双方都好的中间人进行交流，解除彼此的愤怒情绪。拥有良好心理意志力的人，会尽量找机会温情地向对方表达自己的歉意，比如握住对方的手说，"都是我不好，对不起"，使双方摒弃积怨心理带来的各种烦恼。

人都是有情感的，你敬我一尺，我会敬你一丈，你对我好，我也会对你好，双方通过及时沟通内心的看法，准确地端正心态，用良好的心态抵制心理上的相互伤害，用情感的力量，拯救危在旦夕的关系，用最大程度的心理宽容来圆融彼此的心愿。

每个人要想避免偏激言行的出现，就要用意志力及时调整好心态，就要遇事先冷静，多思考，特别是站在对方的立场上来分析问题，解除不良情绪隐患。首先要时刻保持头脑清醒，对点滴的情趣产生幸福的感觉，自享其乐，学会快乐幽默，少抑郁忧伤，多倾听别人的合理建议，对稀奇古怪的人与事、不予评论，要心里明白，一笑了之。

生活可以造就一个人，也可以毁掉一个人的心态意志。生活中，我们要学会不该听的不要听，不该想的不要想，不该问的不要问的处事原则。要学会理性制怒，莫让无价的身心健康财富受伤害。

这个世上，一个人最重要的是拥有深厚的文化底蕴和高尚的人品。你若能放下在心底岩浆边转悠的心，就会活得轻松自在。人生不为物累，不为情伤，才是世界上心态意志最好的人。

维护自尊是人类生存的本色。人生是一个智者生存的过程，有的时候我们对一些事物的感觉不好，是对这些事物过于敏感所造成的。如看到个别人在街上没有修养的言行，比如一些低级下流的话语，会让我们感到难过，从而影响情绪。我们最好远离这种场合，不让这种精神刺激污染我们良好的心态及善良的心灵。

人生最有价值的关系，就是你的人品，而不懂感恩的无德小人必将自食人品。我们要成为一位理性的人，成为一位有修养、懂得礼貌、心明眼亮，能够用良好意志力控制好情绪的静心智者。

苦闷是岩浆之源 及时往好方向引导

苦闷是痛苦岩浆之源。从医学心理学的角度来讲，苦闷是影响心态意志的最重要原因，是预期要发生不良后果时，复杂的不良心理情绪反应出来的病理状态。

苦闷是一种让人难以自拔的困境心态。在当今竞争的生存环境下，任何人在生活中都难免会产生各种各样的苦闷困惑。苦闷的心是一个人感受精神支柱与经济支柱受到威胁，而产生的恐惧和忧伤的抑郁心态。人体产生苦闷的主要原因主有以下方面：

1. 头脑迟滞、思维障碍：精神心理不健康、遇事想不开。经济困难、生存危机，总也看不到希望。

2. 人际关系紧张：不适应生存环境，不懂得怎样与他人进行心理上的交流与沟通。

3. 经常悔恨自己：数年拼搏没成功，发现目标与理想的差距较大，前功尽弃。

4. 压力大，力不从心：认定自身是家庭的精神支柱与经济支柱，心理负担太重。

5. 讳疾忌医，默默忍受：焦虑产生各种难以言表的痛苦，伤心到极点而不愿去诊治。

6. 害怕失去：怕因病失去工作能力，失去生活乐趣，失去亲人、朋友，失去已拥有的一切幸福，甚至生命。

从医学角度分析，焦虑与遗传疾病有关，与儿童早年的心理疾病有关，与性格不健全、心理缺陷有关，与各类精神心理与心理生理不良的刺激有关。

苦闷是人体受到各种刺激后而影响心态意志的情绪反应，似岩浆毒物危及生命安全。苦闷的主要特征是恐惧和担心，焦虑主要表现为大脑十二对神经，特别是交感神经系统的机能亢进，出现心脑血管收缩而引发心脑血管疾病的不良反应。

急性焦虑苦闷的症状表现为，心烦意乱、丧失快乐、神经敏感、口干舌燥、心悸失眠、厌食恶心、全身痛苦又有特别累的感觉。体征表现为皮肤无弹性、四肢无力、面色苍白、瞳孔扩大、心动过速、气血不畅、呼吸气短、躁动不安，出现身体怕冷又怕热的阴阳失调反应，也会出现血压升高，头重脚轻、头痛眩晕的新陈代谢缓慢，命悬一线的晕厥濒死状态。

苦闷孤独是生命的亡灵。苦闷是思维崩溃的前兆，时间一长会造成心理与生理的退化，表现为这个人的举止言行与其年龄、性别、社会角色不相对应的幼稚现象。对什么都看不顺眼，我行我素，甚至你越反对我偏不听的言行，遇事不计后果，呈现不良心理应激反应，有时心中无主意，依赖性强，做事都让别人帮助，或出现梦游现象，六神无主无法适应生活，兴趣减弱，对平时特有兴趣的人与事表现冷漠。

苦闷产生抑郁，抑郁产生焦虑。焦虑反应的心理状态很复杂，会导致心理活动增强，以忐忑不安的状态出现失眠，全身感到既累又难受的感觉，同时伴有头痛等各种脏器不适的症状。说话反常，有的人会变得越说越快的抢话现象；有的人说话时声音飘忽不定，忽高忽低，或欲说又止的感觉；有人变得吞吐犹豫，滥用词句，木讷而出现口吃；有的人注意力不集中，对简单问题也难回答的现象。

深度苦闷容易对生活失去信心、产生恐惧心理。有的人则极力否认焦虑的存在；有的人很怕提自己有病，而故意掩饰自己内心的焦虑；个别内心脆弱的人，则以恶意的攻击来呈现自己对所感受到的压力威胁的苦楚，让任何人都摸不到此人做事的头脑动机。

帮助患者调整好心态意志，抑制心底岩浆的迸发，获得生命清泉是医者的天职。每位医务工作者，都要以同情新和细致的心理疏导等有效方式，给病人以倾诉的机会，这样会有助于患者疏泄积累的紧张和苦闷，及时引导患者往好的方向想，这种期盼是让生命少受精神折磨而有助于感受生命希望的巨大力量。

医学实践充分证明，影响人类健康幸福，造成心态失去平衡，就是来自于自身不良心态压力及外界威胁感、丧失感的心理刺激。心理紧张的状态来自于生活中遭受的各种变故，引发的不良思维，造成精神心理及心理生理问题纠结成灾。

达尔文《进化论》曾指出，物竞天择，适者生存。生活中，至爱亲人的死亡对心态的影响最大，丧失亲人会引起人体一种绝望和无援的心理情绪的反应，这会让人体的思维系统产生无法改变、束手无策的反应。

人在自然界生存，生命是非常脆弱的，坦然看开是福。特别是急性、意外的死亡，在家中起重要角色人员的死亡，都会对家庭成员带来最沉重的精神心理打击，使他们永远都在怀念亲人，欲说无语、欲哭无泪，永远也改变不了他们极度悲伤的心态。

  清心醒神靠自己。其实，人死后一切都结束了，已失去感觉，痛苦悲伤也无济于事，活着的人快乐健康，才是对九泉之下的亲人最好的安慰。我们每个人都要及时调整好心态意志，理智地清除焦虑心底岩浆，做一位在生命中身心健康幸福的主人。

第四节

压力是自我体验　心理与生理相辅相成

　　心理学的目的，是懂得心理健康与情感调控，随时降低各种压力给自身带来的不良影响。作为一名医务工作者，承担着救死扶伤的重任，更承受着高风险工作给自己带来的各种压力。

　　医务工作者看似表面风光，实际是一只脚在天堂，一只脚在地狱。尽管如此，还要用科学的理论实践来指导那些受压力折磨而痛苦的人们，并愿意用自身的奉献为患者接除各种创伤与毒瘤，用充满激情的话语来指导他人掌控压力，成为人人赞赏、行善积德的美好天使。在这方面，许多医学专家都用踏实的行医实践，为人类生命成长做出了巨大的奉献，及时为患者打开了生命健康之门。

精神心理是给人意志上的压力，心理生理是给人身体上带来的压力。只有心胸豁达，意志力坚强的人，才能在漫长复杂的人生道路上，在为理想与责任的拼搏中，有自信、有能力地去战胜各种压力，利用压力转化成动力，使自身产生激情创造而获得成功幸福。

压力是现代社会人们最普遍存在的精神心理体验，任何人也不可能不付出巨大努力，不顶住各种压力而获得成功幸福。压力是从每个人一出生就带来的精神心理负担，如孩提阶段的笑、闹、不听劝说，以及极其任性或冲动的言行，压力时刻存在于人类社会生活的方方面面。

从医学的角度来讲，我们将那些给现实生存中带来的各种负担感受，具有威胁性或伤害性的事件环境的起因称为压力源。压力存在于人体内，也存在于各种环境中，更存在于对生存不满的嫉妒之中。

心理学家认为压力从四个方面产生。精神心理压力是指每个人在特定的环境下，对某个问题所产生不同或相同的反应，即产生的负担。法国作家雨果说："思想可以使天堂变地狱，也可以使地狱变天堂。"例如当你在安静的书房看书时，忽然听到走廊里响起脚步声，如果认为可能是坏人要入室抢劫，就会使你感到恐惧惊慌；如果你认为可能亲人来看你，就会感到心情轻松愉快。

一位哲学家说，人类不是被问题本身所困扰，而是被他们对问题的看法所困扰。惯于负面思考的人，头脑中常会出现消极、否定的想法，其中包含着许多歪曲的见解，从而给自己造成许多无谓的压力。如果过分夸大压力的威胁，就会从心底产生摆脱不了的阴影。

精神心理压力与心理生理压力相辅相成，有什么样的精神心理压力，就会产生什么样的生理压力。如果能够适时地掌控压力，想过去开心美好的时光，想我们的生命责任，想比我们更不如意的人，特别要是想我们拼搏成功后所获得的幸福，就会变压力为动力，从而百折不挠地拼搏。

　　躯体压力是指通过对人的躯体进行直接刺激而造成身心紧张的状态，比如物理的、化学的、生物的刺激所产生的各种各样的躯体疾病。这类刺激是引起躯体性生理压力和产生压力性生理反应的主要原因。

　　社会压力是指造成个人生活方式的变化，并要求他人对其作出调整和适应。生活中的烦心琐事常常给人们带来各种不同的心理压力、社会矛盾，导致人与人之间的矛盾层出不穷。人类社会发展史表明，以国家或地区的人口、资源、环境、效率、公平等社会矛盾最为严重。

　　过重的学习压力、复杂的社会关系、激烈的竞争环境都会给人带来沉重的心理压力。特别是人类当前所面临严重的环境污染，空调、汽车尾气的热量排放，造成冰山融化、海平面上升等现象，这必将导致人类灾难性的后果。人们所吃的食品中，大量的化学成分都将导致人体各种疾病的滋生泛滥。

　　现实生活中，有来自性别与责任的压力。男人与女人一样肩负着生存的负担。作为好男人要经历出生入死的奋斗，才能让妻子、儿女享受幸福；而许多男人面对各种压力时却萎靡不振、左顾右盼，或者从根本上就不想和不愿承受生命的责任，这也是最令亲人、朋友痛苦的事情。

　　作为女人，有一位男人甘心为自己付出，便会帮助自己减轻压力，从而获得幸福的感觉。女性的一生，要经历女儿，妻子，母亲等多重角色相互重叠的压力挤压，加上职业困惑，工作及生活上的繁杂琐事搞得身心疲惫，从而缺少静心平衡的安全感，出现倦怠或不安感等，使许多的女性容易面临更大的精神心理压力与心理生理困惑。

　　社会支持通常是减少人们压力的重要来源。通常，未婚者缺乏向配偶倾诉工作，人际上的不满或困惑等最常用减压方法的客观条件，而与长辈间的代沟，以及不想让父母担心等想法，又让未婚者更多地将压力深埋于心底而无法释放。

　　人生短暂，每一个人都是迅速地从青年转变到中年，又从中年急速地转为老年。此时，事业、生存及未来的命运安排都会给自己造成各种压力。夫妻之间更要关注帮助对方，既成为夫妻不关心帮助对方又怎能有一生的快乐幸福呢?

夫妻恩爱，同心同德才会产生和谐的生存心态，避免各种压力的产生。夫妻之间不尊重、不理解、不支持，经常挑剔指责，会使对方产生巨大的精神心理压力，从而出现背叛行径。男人在肩负巨大责任感的压力下，有一位真正爱他并让敬仰他的女人，会让男人发掘自身最大的潜能，甚至不惜生命代价拼搏。

让孩子快乐成长是父母的天职。家长要从小培养孩子洗衣做饭等自立能力，避免二十几岁的孩子在家连自己的饭都不会做的尴尬现象。家长要适当安排各项工作，每天给自己留一点时间娱乐放松与压力调整，用静心平衡的大智慧减压，获得身心健康的生活。

要想避免环境带来的压力，最好的方法就是看书学习。好书能引导人打开内心世界，将压力转为动力。学会用"成功绝不会给弱者机会""成功是在失败中取得的"等话语来激励自己，战胜自己，让心理与生理健康。

生活中，在巨大的压力来临时，必须要让自己坚强起来，因为，静心平衡的意志力，是帮助人战胜各种精神心理疾患与生理疾病的屏障。创业难在心理思维方向，此时最好的方法是坚持干自己心甘情愿的事，这样就会从兴趣中寻找到精神快乐的依托。

运动专家研究认为，大多数有压力者是因为缺乏运动，走或跑步都是有氧运动，除了活动肌肉外，也能加强呼吸及循环系统的功能。天天步行、跑步能分散注意力，运动有助于开通经络气血的通道，能将压力引起的各种烦躁情绪排除。

研究表明，跑步时荷尔蒙增加，跑步后分泌量还能增高，荷尔蒙有助于消除各种精神心理压力。运动心理学家建议，跑步不要片面追求速度，也不要给自己计时。可以只为乐趣而跑，充分享受满足感所带来的喜悦，日子一长，你会感到坏心情离你越来越远。

生活中，有时间要多听音乐、多跳舞，因为音乐能刺激身体产生激素，促进荷尔蒙的释放，使心灵深处得以修复，产生青春的活力、、爱意的情怀、豁达的胸襟。人世间音乐的旋律，爱的乐章，可以填补每个人空虚的心灵，释放无尽的压力。

生活中，压力所带来的表现，如一个人精神不振、没有激情、不思进取，以及蓬头垢面的形象和失礼的言行。特别是一些胡乱释放自己压力的患者，总想通过多抽烟、狂饮酒、打麻将、乱花钱来伤害自己与亲人的心。岂不知，这些自伤现象会造成严重的精神心理疾患及生理疾病。抽烟，喝酒成瘾的人体内的毒物要比正常人多三倍，一旦生病，就是重病，要用超常人的药物量才能治疗。

在现实生活中，许多事都不是随自己的意志而转移的。人生为理想奋斗，为责任拼搏，事事能够想得开，多寻求生活的乐趣就会变压力为动力。从人生的意义来讲，生命既是责任，也是付出，没有了生命，一切都毫无意义。我们时刻要修一颗静心，做最好的自己。

自杀是一种被压力击垮的自私，懦弱行为。虽然有自杀倾向的人认为一死百了，万事无挂。但是，这样会把巨大的精神心理压力留给自己的亲人，让亲人痛苦万分、死不瞑目。我们每个人在面对巨大的压力时，要勇于拼搏，把压力视为我们成功所必经的台阶，用自己学到的智慧，转压力为动力，在内心无敌的磨砺中获得静心平衡的大智慧心态，让生命健康幸福地成长。

我们每个人在面对压力带来的不良情绪时，最直接的办法就是用最快的时间将烦恼忘掉，用最多的时间去回忆最好的快乐时光，用最乐观的心态驱散紊乱的情绪，用一辈子的爱关爱自己及最值得关爱的人。

压力的产生与生存的紧迫感相互滋生，而去除压力所带来的紧迫感的有效方法就是劳逸结合地管理好时间。每个人都要在拼搏中用豁达的心态来笑对一切，而在生活中，能够感动自己的正是纯真、善良、美好的情感，让我们在干好眼前事业的同时，也干好未来幸福的大事。

第五节

完善心理健康　转换压力为动力

世界卫生组织对健康的定义为：健康是一种身体上、精神上和社会适应上的完好状态。它包含三个要素：躯体无疾病，心理无疾病，具有社会适应能力。

心理健康是指一个人具有良好的心理品质和健全人格，即心理发展比较完善，人格健全，能适应客观环境。心理健康的人能够很好地适应环境，他们对自身所处的环境有客观的认识和评价，能始终使自己与社会保持良好的相处状态，生活有理想但不脱离现实，能面对现实调整自己的欲望与需求，使自己的心理行为与社会协调一致。

用良好心态，促进心理与生理压力的释放。不论是年轻人，还是中老年人，干自己感兴趣的事，才会感到生命的意义，这样就会转换压力为动力，从而获得

精神快乐最幸福的感觉。

从压力对个人行为的作用来分析，人们承受适度的压力，有助于振奋精神，集中注意力，从而思维敏捷，增强人的正向反应，如寻求他人支持，学习处理压力的技巧，增强工作动力和获得成就感的机会，能够在适度的竞争压力下容易比平时出更好的成绩。

掌控压力，能够使机体免疫力不断增强。最近，美国科学家在研究中发现，一定程度的压力能提高人体免疫力，增强疾病抵抗能力。低水平的压力可能使人体产生帮助人们应对各种挑战的激素，一些表面看起来不好的事情可能给人带来好处。人类进化的结果是赋予我们通过压力反应来处理所遇到的各种事情，但有时压力也会引起机体免疫功能降低。

据世界卫生组织预测，精神心理疾患在中国疾病总负担所占的比例，将从20世纪90年代的14.2%上升到20%左右，届时将占中国疾病总经济负担的第一位。世界卫生组织的专家断言，到21世纪中叶，没有任何一种灾难，能像心理危机那样给人类带来持续而深刻的痛苦。

从疾病发展史来看，人类已进入心理疾病时代。当人们面临大的压力时，通常出现精神心理的不良反应，主要表现在自主神经系统、内分泌系统和免疫系统等方面。压力状态下身体反应分三个阶段：

第一阶段：警觉反应。由于刺激突然出现而产生情绪紧张和注意力提高、体温与血压下降、肾上腺分泌增加，进入应激状态。

第二阶段：抗拒阶段。如果压力持续存在，身体即进入抗拒阶段，企图对身体上任何受损的部分加以维护复原，因而产生大量调节身体的激素，使心跳加快、血压升高，出现半晕船状态。

第三阶段：衰竭阶段。若压力存在太久，应付压力的精力耗尽，身体各功能会突然缓慢下来，适应能力丧失，常出现疲劳、头痛、胸闷等身心疲惫的症状。

临床心理学家发现，导致溃疡病的主要原因就是心理压力。肿瘤和心脏病的发作也与心理压力有着密切关系。可见心理压力对人的身心健康所带来的影响是广泛的。

压力是一把双刃剑。过度地心理压力会带来各种负面反应，出现消极的情绪，如忧虑、抑郁、焦躁、愤怒、沮丧，自我评价降低，自信心减弱，悲观失望等，表现出消极被动的不良应激反应。

心理学研究还表明，过度的压力会影响人的智力，使人的思维狭窄、注意力分散、记忆力下降。压力越大，人的认知效能就越差。个体在压力状态下的心理反应存在很大差异，这取决于个体对压力的知觉以及处理压力的能力。

让自己变得更优秀，才会更好地掌控压力。直接反应指行为反应直接面对引起紧张的刺激时，为了消除刺激源会做出相应的反应，例如路遇歹徒与其搏斗。间接反应指借助某些途径，如饮酒、抽烟来暂时减轻与压力有关的苦恼。如果当人的压力过大过久时，就会引起不良的表现，如谈话时口齿不清、动作迟缓，不限制进食、紧张时会产生随意的攻击行为，或造成心力不足的长久失眠等身心疲惫病症。

生活中要想让人心情愉快并减轻压力，就要创造条件，干自己最喜欢干的事情。切忌不从客观实际出发，不从关爱对方的角度出发而责备他人，让他人因难堪而产生巨大的精神心理压力，当要指责别人时，试想一下，如果被别人这样指责是不是自己也不愿意听？自己不能接受的话语又怎能让对方接受理解呢？对于这一点，无论是家长、领导、同志都要注意。

运动是保持生命健康的良医良药。运动不但能释放压力，而且还会强化意志，增强体魄及责任的使命感，如钓鱼这项运动，不但会使你忘掉烦恼与压力，而且还会帮助人摆正心态，理解生命中与自身利益之间的得与失，并且让人对人生大彻大悟，让人能够全神贯注地投入到钓鱼活动的乐趣中。所以，每天无论多忙也要抽出一个小时来运动，如打乒乓球、羽毛球、单双杠等自己喜欢的有氧运动。

成功者都有自己独到的思维和做法。有一位成功人士，越是在压力下越是抽时间打球、下围棋，他说，因为这样才会让他从精神心理上释放压力，调整情趣，保持头脑清醒，从而产生睿智，有利于果断地做出成功的选择。

选择不对，一切白费。生命中最重要的是选择有利于自身成功的目标。每个人都要清楚自身能力，用思维正能量带来的激情活力，用坚强的意志力，把自己内心升华的财富发掘出来，才会实现生命中最高价值的幸福。

完善心理健康，转压力为动力就有可能成功。我们每个人若能在残酷的生存竞争中，不断地挑战自我的精神心理与生理极限并获得相应的成功，就能成功地掌控好压力转换成动力的蜕变。我们应该用静心平衡的心态，循序渐进、泰然自若地获得生命中想要的清泉般幸福的生活。

及时降低期望值　是对自我最好的保护

从心理学的角度，期望值指的是每个人在干事业前为自己制订的成功价值目标。有的人有自知之明，有能力为自己设计了能完成的既定目标，而有的人没有这样的能力，把目标设计得过高过大，而随着对所追求期望值心理压力的增强，会随时损害拼搏者的身心健康，此时只有相应地降低期望值，才能循序渐进地追求理想，保住珍贵的身心健康。

生活是一面镜子，能照清每个人为实现人生价值的心情。现实生活中，不要好高骛远地追求那些不可能实现的许多幻想，追求那些不现实、不可能成功的事业，这种幻想心态，往往会造成这个人的偏激心态，形成剑走偏锋、不自量力的恶果。例如一个人正常的耐力跑都不行，对足球感觉也不强，还想成为职业足球运动员，那是心理上自不量力的表现。每个人要真正地了解自己的潜能，从而因势利导地发展，让自己全面发展从而变得更加优秀，才有可能获得人生最高价值的成功。

期望值与现实之间存在的差距，容易导致心理失衡，产生不健康、不快乐的各种表现。特别是许多创业者，在付出巨大努力后却无结果时，会产生各种亚健康的表现及苦闷、焦虑、抑郁的情绪。

所以，及时降低期望值，是自救保命的大智慧。及时降低期望值，能让心理问题崩溃的人走向理性平和的心态，让自身肩负多重角色的重担及时地放下，以避免期望值过高的冲突，避免如天塌般压力带来的精神心理与生理上的无情打击。许多创业者，在创业瓶颈期是最容易出现心态失衡，而心生厌世感的。

期望成功人心皆有。每个人都期望用事业成功带给家庭幸福，但因没获得成功而导致的矛盾也会带来各种心理上的困惑。特别是付出了巨大的经济代价，巨大的精神心理健康的代价后，会产生深深的自责与负罪感。这种"内疚"心理，会形成因数年拼搏不成功所导致的身心过度疲劳现象，为开创业绩而超负荷工作产生的"过劳"疾病，也会让拼搏者在茫然中失去自我的各种能力。

成功不是先得到，而是要先有稳定的心态。回报与付出不成正比时，许多人就会失去愉快感，此时各种压抑的情绪就会产生，使身体失去稳定的健康状态。其实，每个人都想获得成功，而成功者必须扎实地学好创业知识，然后从小成功开始向大成功发展，大成功后再兼项发展。

当期望值与现实差距很大不能实现时，要用"塞翁失马，焉知非福"来安慰自己不平衡的心理。对开创事业有前途的，可以用"天将降大任于斯人也，必先劳其筋骨"的考验来鞭策自己，不断总结经验教训，继续向目标努力。要坚信在人生各种艰辛的逆境下，义无反顾地执着追求，就会获得恢宏大气的生命乐章。

从社会心理学的角度，期望值如果过高，心理上的冲突就会越大，这也会造成情感上的不稳定现象。如动不动就发脾气，使身心总处于一种高度神经紧张状态，使全家不得安宁，对单位同志也气愤不已。现实地降低期望值，于家庭、于社会、于权钱物欲、于事业都有利，否则有可能患上重症精神病或重症抑郁症。

在这个充斥着生存竞争的社会，保持乐观的情绪最重要。冰心老人曾说过："事因知足心常乐。"有责任地超越克服内心深处的弱小与自卑是最重要的。

正如杰克逊所说："我永远不会满意，我是个完美主义者。我尽量不照镜子，真的，我不满意镜子中看到的自己。"杰克逊是一位文艺天才，而人生没有完美，过度完美往往会迷失自我，让生命深处失去阳光幸福。

如果人能超越自身的弱点就容易获得成功；及时降低不切实际的期望值，给自己拼搏阶段以准确的定位是获得成功的必经之路。成功与幸福当然是每个人都希望得到的，但我们要从心理上懂得这辈子自己对什么最了解，要把自己最了解的这项事业干好。拼搏的过程中也不要有太多的顾虑，成功最好，不成功也不要气馁，就当是对自己梦想的付出。

人能够适当地降低期望值是对自我最好的保护。心中要常想，"志当存高远"，一向为人称道；"不想当将军的士兵不是好士兵"，一向有人欣赏。"天上只有一个太阳，地上只有一个珠峰。""没有花香，没有树高，我是一棵无人知道的小草……"成功在于数年的知识积累，通过一步一步地拼搏才有可能获得。拼搏中能及时调整情绪，就会身心愉悦、健康地朝着实现自身期望值的大目标进发。

人生是一个自寻快乐的生存过程，关键是要找准自身的位置。学习用静心平衡的智慧，就能找准自身位置，就会安下心来，不会乱了情绪，不管命运之舟把我们载向何方，我们都会以坦然的心态，面对眼前的一切是非恩怨、成功失败。在面对人生挫折的打击下会有两种不同的心态产生，一种是积极的拼搏不放弃的执着心态，另一种是遇事不进取的厌倦生命的灰色心态。许多创业人的失败都是跌倒在自以为是的强势下。

价值观就是世界观，人生追求的是本质差距。期望值与自身价值观错位相连的有以下表现：

1. 期望值与贪心过大相连（自私无情，想入非非）；

2. 期望值与无专业知识相连（不懂装懂，害人害己）；

3. 期望值与现实不符相连（异想天开，天上能掉馅饼）；

4. 期望值与不能准确定位相连（盲目创业，胡乱孤行）；

5. 期望值与心理迷茫相连（思维不清，头脑简单）；

6. 期望值与轻视生命健康相连（忘乎所以，不看重生命健康）。

天覆地载，世间万物，莫贵于人。我们每位拼搏者都应该为社会、为亲人、为自己创造幸福的成功价值，而不是把生命当儿戏，很随意地把最宝贵、无法弥补的生命健康财富玩掉。在人生漫长的岁月长河中，永远拥有静心平衡的心态，就是对生命健康最好的保护。

这个世上，什么都可能重来，唯有生命不能重来。当遭遇创业逆境瓶颈期或难以逃避的灾难，出现会危害到生命健康的情况时，要迅速地清空理想，降低期望值，学会把自己之前一切的努力就当作没发生过的，学习快乐心理，才能平安地躲过生死劫难。

安心才能立命，有命才能成功。安下心来是坦然生存，直面现实的超脱凡俗。乔治·夏帕克曾获得诺贝尔奖，谁知道他曾是德国集中营里的囚徒呢？1942 年冬天，乔治参加了法国地下抵抗组织，因叛徒出卖，他被送进了集中营，生命难保，还有比这更令人恐惧与哀愁的事吗？当夜深人静的时候，乔治能够走出自己内心的监狱继续学习研究，最终获得诺贝尔物理奖。谈起这段历程，乔治说："初为囚徒，我绝望了，恐惧与浮躁摧垮了我的精神。后来我安下心来，人一旦安心了，哪里都是家园，哪怕它是监狱。"此时他心里明白，心静则生，心躁则亡。生气会产生疾病，抱怨会产生压力，这些不良情绪不但会降低机体的免疫力，还会让自己失去一切。

生命是在挫折中成长壮大的，只有经历过特殊的挫折，强者才能激发心底激情斗志，将生命带入更高层次的成长。有位哲学家说得好："想成功先发疯，头脑简单向前冲。"当你在奋斗一项事业时，不要只想成功一面，也要想不成功会带来的各种影响与损失。既不要把自己能力估计过高，也不要把自己看得过低。

我们要有意识地调整好自己的处世观与情感情绪，来应对极端逆境对我们的考验。发现自己的理想希望与现实拼搏之间存在着很大差距时，我们就能以宽容的心态面对，而不会感到自卑与绝望。睿智者会在挫折中醒悟不成功的原因，通过学习成功经验，实现自身最美好的幸福希望与无穷的价值。

"天磨""非议"是心理懦弱者的拦路虎，是自信成功者的激情动力。获得人生成功固然重要，但敞开心扉面对困难更重要。成功会给一个人带来名利双收，与此同时，也会给这个人带来精神心理及生活上的麻烦，如各种流言蜚语带来的恶语中伤等负面影响，个别心理意志不坚的人，也会为了追求"完美"而导致失去"自我"的后果。

这个世上有近 70 亿的人，哪个人不想幸福？但生命过程中只要全身心追逐过、付出过，经历过，就应当满足。试想有多少人在你的生命中出现过，又有多少人成为了你生命中的知己。

人生最重要的是懂得珍惜，是我们的不会走，不是我们的想留也留不住。不和谐的生存，走得越远，伤害就会越深，给彼此重新选择的机会，才是世界上最伟大宽容的爱。有缘互相搀扶，走过人生一程程、一段段，就是人生真永远，爱过就会让我们感受到终生无悔。

健康长寿的精神共性就是改变自己，适者生存。每个人都是活在现实中的，而不是活在真空里。人生在世就是一个繁杂的生存过程，生活中许多意想不到的突发事件往往会扰乱我们宁静平和的心态，造成各种心理情感障碍，从而破坏我们的精神心理、生理的健康状态，影响我们正常的学习与生活。

安心地绝处逢生，要靠心理和谐智慧。每个人的心理就像一壶水，平静时能静观一切事情，准确判断，做出正确的思考分析，从而看清问题的本质，进而让自己做出最正确的选择。其实，人就是宇宙中的一个分子，像尘埃那样微不足道。心理情绪要靠自己来调整，在人生十有八九不如意的生活中，经常回忆自己曾经经历过的令自己开心的一两件事就会让自己获得愉快的心情。

竞争生存的事实清楚地告诉我们，当每个人在遇到重大失败或困难时，不要只想到后果，而不去想怎样才能改变这种困境。当一个人在遇到特大灾难时，心理脆弱就会产生绝望的心理；心理坚强则会产生自信坚强的勇气，从而使自己能保持情绪稳定，改变艰险的逆境，静心平衡地面对一切。

心理崩溃无助，生理坍塌成灾。中医学把人体看成是一个整体，即阴阳表里、心理与生理；而人体的痛苦大体来自两个方面，一方面是心理上的，另一方面则来自生理上的。正像人字的一部分代表心理健康，另一部分则代表生理健康。而精神卫生心理学则把手心看成"心理"，手背看成"生理"，即手心坚强，手背健康。

人只是地球上的生命，人改变不了地球旋转。现实地讲，清新的空气、纯净的水、健康放心的食品很少，加上竞争生存中的精神污染环境，而人体要想健康地生存下去，首先就要有一个适者生存的良好心态，还要拥有一个良好的机体免疫系统，这样才能让我们的生命保持健康稳定的状态。

自然界给人类的最大恩赐是生存，最大悲哀是消失。心理专家指出，人的心理发展贯穿于生命的始终，在不同的年龄段，不同的环境下成长的人，会有不同的心理特性。人格是平等的，若能顺利地度过人生的几个重要阶段，人格就能健全地发展，并为一生的健康幸福打好基础。

心理学认为，良好的心理素质是需要通过自身的不断探索醒悟才会真正地获得的。在现实生活的高节奏中，每个人都会遇到各种心理冲突，从而导致疾病的产生。如心理承受能力差的人遇烦心事着急上火，会造成精神紧张痛苦，出现失眠后血压升高现象。

当遇到困扰时，首先要放松心情，开心地玩一玩，找亲人朋友倾诉，或找心理医生咨询，这些都是心理健康的表现。有的人有了心理问题解决不了，把心理问题郁闷在心理，久而久之就会形成心理疾病，或造成心理障碍，将生命健康幸福置于脑后，让生命随时处于崩溃的危险边缘。

安心才能绝处逢生。在创作过程中，我曾经经历过无数的艰难痛苦，当我把十几年的艰辛写作过程看作快乐学习的过程，让自己能够看开一切而安心创作；当我身处生命健康的绝境时，用静心平衡的心态把一切看开放下，并且积极采用各种有效的治疗手段，防治各种意想不到的疾病，无数次保住了自己的生命。

每个人的命运要靠自己去把握。出现急于求成的偏执心理，幻想而不觉醒，谁也帮不了你，救不了你。想干大事业，就得学会改变。痛心疾首的悔恨会产生恐惧绝望、丧失意志的心理。坚决改变自己偏执心理，才是世上强者生存的法则。

这个世上，人在做，天在看，不是强者能生存，而是能够健康长寿，并且能够身心健康地生存下去的人才是生命的强者。人生知道自己想要干好的事是否有价值非常重要，我们要预测好事，也要对各种不测事件有防范意识。

及时降低期望值，是对自我生命的最好保护。人生在面对太多复杂变化时，都要安下心来，审视自己的拼搏能力与方向，安心是自然平衡的静心状态，静心能滤掉心理污染，是身心健康的良医良药，是智慧的人生价值底蕴，是顶天立地的意志升华，是阳光般思维能量对自我生命拼搏追求的最好保护。

第七章

生气虐心病狂　养心静性身心舒展

　　气大伤身。从医学上来讲，生气是"心理障碍"的不良应激反应，生气是一种庸人自扰的现象，它等于中了自身与他人的毒瘾，是普遍存在于每个人的意识与言行的恶魔，生气会让生命处于极危险的崩溃状态，生气会令大脑出现一片空白，出现气虚血虚的濒死感觉。而在那些生气争斗的摩擦背后则隐藏着各种无法收拾的不良心理变幻、与溃败不堪的人生价值观。

生气造成心情紊乱　是产生虐心伤害的根源

　　这个世上，许多人的心理疾病都是因为不懂得照顾好自己，不能宽恕他人所导致的。生活中，那些表面高冷，内心绝情阴暗的人，永远也托不出阳光的笑脸，只能在悲伤的心情中自尝苦果。

　　爱生气是心理情绪紊乱的表现。良好的心理情绪是每个人幸福的依托，积极乐观的心态不但能刺激垂体后叶素产生快乐因子，激活大脑神经兴奋细胞，还能有效地提高智力、补充体能，促进身心健康，收获幸福人生。

　　健康幸福最重要。恶劣的心情不但会刺激中枢神经产生不良应的激反应而且

还会破坏大脑正常的思维功能，产生心态失衡的伤心痛苦、焦虑抑郁、恐惧分裂等疾病症状。

静心是我们每个人自由快乐、健康幸福的根，更是神的归处。生气是内心自虐与被虐的不良应激反应。爱生气易造成神魂破散，让自己与他人在生命的崩溃边缘徘徊游走，有随时丧失最珍贵生命的风险。爱生气是任性斗气的产物，也是内心极度痛苦而不能自拔的表现，同时也会造成自己与被气的人彼此内心混乱不堪而精神迷茫的痛苦。

世上聪明的人做事，生气的人自找烦恼。我的一位邻居就是整天常因为各种琐事而生气，结果在不良心态和不良生活习惯的共同摧残下，让一个高大威猛的男子汉，四十多岁就患上了肠梗阻，并且出现肠扭转，肚子胀得像气球一样，突然在一个夜里喘不过气来，在送往医院的路上死亡。他的去世，让人惋惜、惊醒，更给他的亲人、朋友们带来了巨大而难以自拔的身心痛苦伤害。

相关数据显示，帕金森病的患者约 40% 伴有焦虑症，表现为精神性焦虑和躯体性焦虑。患者常感到莫名其妙的恐惧、害怕、紧张和不安，常出现心神不、坐立不安、六神无主、手足无措等现象。还时常出现注意力不集中，自己也不知道为什么如此惶恐不安，严重者会觉得有某种灾难降临，甚至会出现濒临死亡的感觉。

许多人会变得内心脆弱，经常哀伤叹气，净说些丧志的话，对周围任何事情甚至亲情、友情与爱情都不关心，常感到心烦易怒，总是有苦说不出来。这也是许多人不注重心理卫生，过度用脑而造成的严重后果。

世上没有一种力量比宽容更伟大，更没有一种方法比正确思维更有能量。哲学思维能改变自己免受毒害，要真正体会能让别人挑理的就是自己不对的道理。能够真正地站在对方的角度看问题，脱胎换骨地改变自己，才能避免受到内心的伤害。

自强则刚。我曾经遇到过这样一位患者，他是由于车祸而导致下肢残疾，焦虑的情绪让他总也想不开，之前是一个活泼乱跳的人，现在突然就跟变了一个人似得，什么也不能做了，而且动不起来了。这种焦虑的患者会由于内心纠结及运动障碍而加重病情，使其难以完成正常的学习、工作及日常生活料理，甚至出现不想活的极端想法。

我当时曾耐心安慰这位患者说："你现在不是一个人在与疾病斗争，要有责任感，用理智转移受伤的注意力，时刻放松心情，均衡营养，做手跑等适量运动，安全用药。同时培养多种适合自己情趣的爱好，让心里透进乐观的阳光。"患者对我表示了感谢，诚恳地对我说："我现在高高兴兴是一天，痛苦绝望也是一天，为什么不选择乐观呢？"于是他敞开了自己的心扉愿意与他人交流，以释放他内心的希望。

夫妻之间也会出现不和谐的情况，这种不和谐会导致夫妻双方的心理与生理受到压抑。在二十几年前，五月的春天里，我正在参观太清宫，突然跑来了一位神色失常的中年女性来算命，我上前细听，道士问："你怎么了？"女士答："他不要我了。"道士又问："他为什么不要你了？"女士答："不知道。"道士再次问："你不知道？"她又答："不知道，不知道，就是不知道。"言语间充满了急躁的忧伤与忐忑。经过思量，这时道士看出了些许端倪便问女士："你性格这么急，像跳马猴子似的，哪个男人也受不了。"女士说："那我该怎么办？"道士说："改变性格。"女士急着问："那我改，那他什么时候能要我？"道士答："最快半年。"女士又追问："那最快，最快是多长时间？"道士当时沉思一会，告诉她："最快，最快也得三个月。"女士当时愣住了，说："那现在是五月份，再加上三个月是几月？"道士一听笑了："那我也不知道。"女士顿悟，边走边跑说："我一定改掉爱生气的坏毛病。"此时道士与围观的人都笑了。

人生关键时刻只能靠心理的坚强来救自己，而那些在生活中大吵大闹中的人，往往都是有心理障碍的人；而许多不近人情的人，往往都是不懂人间真情的人，与这类茫然无知的人争吵，是永远吵不出道理来。经科学检测，人体发怒时所产生的毒气，能够熏死一只老鼠或数只苍蝇。

睿智健康的人不会生气，小心眼爱生气的人不健康。人非草木，什么样的人都有。人类在面对残酷的生存考验面前，是执迷不悟被不良情绪击倒，还是睿智地调整好情绪，让心态平衡，养心静性地幸福生活下去，是摆在我们每一个人面前的课题。良好的情绪是心理健康的重要基础。"生气"是被精神污染的毒气弹击中的病态反应，而这个世上许多人的不幸，甚至消亡都与生气有直接关系。

心理健康知识是现代人获得幸福的必修课。心理专家曾预言："21 世纪是人类面对巨大压力，精神心理疾病暴发的世纪。"而导致心理不健康的最大敌人正是自己，它比任何人的伤害都可怕。人生切记不要与自己以及那些无知无畏又无耻的人生气。生气吵闹会使肝火旺盛，既伤心理健康又伤生理健康，会降低自身免疫力，导致疾病缠身，痛苦不堪。

养心能除病，生活中尤其不要与各种患者生气，这样即给自己带来心理上的痛苦，又会加重患者的病情，甚至会导致心脑血管患者当场晕厥死亡的可怕悲剧。

保护健康最重要。值得注意的是，不要与负能量的人生气，这种人往往是受过严重心理伤害后而形成"歪理邪说"的人，他们是甚至能把"龙虾说成虾酱"的人，与这种不讲理的人斗气，等于让自己中了精神污染的剧毒，会让人很快在万分痛苦中徘徊，让自己迅速失去精神心理与心理生理健康幸福。

养心静性则心自安。在现实生活中，与那些充满负能量及无耻无爱的人相处，远比一个人独处更孤独。由于两个人的人生观不同，所以看事物的心态就不同，而为了避免两个人矛盾的激化的方法就是想办法把彼此分开。

生气是一把双刃剑，即伤自己，又害他人。生气时互不相让，大吵大闹即伤对方心理，又伤彼此身体中统帅"营、卫、气、血"的"神"。静心则幸福健康常驻，这种病态心理的发泄，只会伤害彼此曾有过的真挚感情，让彼此心理距离疏远，幸福随之飘散。

人活着，有爱心才会感觉幸福。沟通、理解、关爱是心理和谐健康的美好幸福桥梁。这个世上，钱再多也买不来健康，更买不来生命。要想成为心理健康者，应该懂得：生活中较真斗气，钻牛角尖是导致疾病痛苦、衰老死亡的根源；忍让、宽容、和谐才是健康快乐的良医良药。

第二节

生气就是气自己 气产于庸者止于智者

气产于庸者，止于智者。曾经有一位妇人，特别喜欢为一些琐碎的小事生气，只要她看不顺眼，就会暴跳如雷地发泄一通，把家闹的像战场一样，人人不得安静。当她醒悟后也知道自己这样发泄不好，便去求一位远离世俗的高僧为自己开导，以求心静。高僧在听了她的讲述后一言不发，只是把她领到一间禅房中，然后锁门而去，此刻妇人疑惑不解，于是妇人便气得跳着脚大骂，骂了许多让人难以启齿的蠢话，当妇人骂了一个小时后高僧仍不理会，妇人看硬的不行就来软的，央求高僧放她出去，此刻高僧仍是不理不睬，像没这回事一样。

静心则幸福常在。

许久后，妇人终于沉默了，高僧来到门外，问她："你还生气吗？"

妇人说："我太傻了，为什么跟自己过不去，让自己生气，我又为什么幸福的日子不过，偏到这地方来遭罪。"

高僧接着说："连自己都不原谅的人怎能心如止水？"高僧拂袖而去。

又过了一会儿，高僧再问她："你还生气吗？"

"不生气了，气也没有办法呀。"

高僧又说："你的气并没消逝，还压在心里，爆发后将会更加剧烈。"说完后高僧便悄无声息地离开了。

只有心理醒悟才会真正改变。

当高僧第三次来到禅房前时，妇人告诉他："我不生气了，因为不值得生气。"

高僧笑着说："你还不知道值不值得，可见还是不平衡，还有气根。"

当高僧站在禅房门外开锁时，妇人禁不住又问高僧："大师，什么是气？"

高僧一言不发地将洗手盆中的废水倾洒在地上，然后一身轻松，头也不回地走了。妇人见状后心结顿开，并心悦诚服深深叩谢而去。

气为何物？气是人体遇事后心理不平衡的情绪反应，这个世上，人最重要的是要学会忍耐，改变最难改变的自己。何苦生气，气等于是别人吐出的垃圾，而你却把它接到口里的那种东西。气是精神污染的产物，你吞下便会反胃，你不看它，不理会它时，它便会烟消云散。

适度发泄不良情绪是给自己减压的正确方式，而不分时间场合随意发泄不良情绪，是这个人的人格低下、没有素质的表现。气大伤身，生气已被公认是用别人的过错来惩罚自己的行为。乱发脾气不仅会给自己带来精神心理上的压力与痛苦，也会给周围的亲人、朋友及同志带来巨大的精神压力。健康幸福是每个人一生的追求，情绪的不合理发泄，也是造成心理障碍的主要原因。

    稳定的心理情绪是生命健康幸福的最重要的基础。心情愉快就会以积极乐观的心态投入生活，而心情起伏不定，就会产生消极悲观的言行。生气就是自己气自己，会降低自身免疫力，瓦解幸福生活。任性斗气往往都是心理疙瘩不能自拔的内在反应，也是造成许多人不能平心静气生活，整天苦大仇深，最终百病缠身无法获得健康幸福的根源。

    气大伤身，需养心静性。在经历过的沧桑岁月中，我潜心学习过许多幸福老人的乐观经验，有一次我遇到了一位 86 岁的高龄老人独自洗澡。我问老人："您好，我想知道您是怎样做，才获得健康幸福的？"老人语重心长地说："我过去是在设计院工作，经济条件良好，我从不生气，爱运动，宁愿人犯我，我也不犯别人，我每天早睡早起，生活有规律，所以每天都能保持好心情，也没有不良的生活习惯。"我听后对老人说："您是每位追求健康幸福者的榜样。

    世间无上帝，幸福靠自己。在面对复杂生活的时候，每个人都要点亮心中的理智明灯，用它及时照亮生命的黑暗与漫长前行的征程。理清头绪，莫生气。世界之大，啥人都有，改变不了别人，就改变自己。做君子，君子量大和气，小人气大斗气。这世上，气大的人往往有成大事的机遇，而最终会被抛弃。不懂做人者，是没有高尚境界的人，永远做不成大事。

    生气害人害己，羡慕、嫉妒、仇恨，是让人心中生气不安的错误观念。一位有修养的人是不会生气发火的，宽容是让心情安定的强心剂，与心乱如麻的人争吵，会降低我们的心灵素养。遇事发怒会两败俱伤，怒则伤五脏六腑，造成免疫力低下，产生精神心理与生理疾病。

    生活是一面镜子，能看清任何人的真实面目。人与人之间在工作与生活中，固然有不同的为人处事方法。生活中能多思考欣赏他人的优点，多理解包容别人的不足。对于不懂感恩以及无道德小人，我们惹不起要躲得起；让我们看见就心烦的人，要及时转移视线。我们要用团结的方式战胜对手，让心情沐浴阳光幸福。

　　生活中要掌握，避凶化吉处社会，软硬弯直走人生的智慧。心存高远，才能看开一切，适应生活。永远以让一步风平浪静，退一步海阔天空的心态生活，这样就会避免与他人斗气，而收获养心静性心自安，青春常驻自由舒展的幸福生活。

第三节

精神污染浓雾霾　及时清除修养身心

　　人类生存过程中除了要面对生活压力外，还要面对各种精神污染。而各种不和谐的声音是世界公认的污染源，是让人心理产生焦虑、抑郁、恐惧，甚至出现精神分裂症的精神污染。精神污染是一种影响广泛，深入生存环境，破坏人与人之间关系，导致人类无法正常健康生活的罪魁祸首。我们每个人都要从我做起，学好应对改变的心态，时刻照顾好自己，为心理健康修筑精神防御体。

　　言为心声，通过言谈举止能看出一个人的修养。要记住，祸从口出，失言会导致失人、失财。一人一世界，看到别人的缺点和不足后，不说破、不指责是为人处事的智慧。反之，在他人背后胡乱评说，将成为破坏人与人之间关系的利刃。每个人在生活中都不容易，如果不能善待他人，必将被其他人疏远，让自己

淹没在玩弄是非的痛苦漩涡中。人生修养之美的实现需要，在内调控好心情，在外管好自己的嘴。

心静单纯则生。当心情不好时，找一个没有人的地方发泄一下情绪，或找亲人朋友谈谈心，或通过运动或静思来清空内心的烦闷，看开一切。特别是对于一些有严重疾病的患者，此时应该让大脑单纯起来，啥也不要想，只想好事，只想怎样才能健康地活着，这样才能避免各种压力给自身造成的不良影响。

生活中，最重要的是今天的心情，别总跟自己过不去。我们要用心做好自己想做的事，不要计较他人的评价，要按自己的方式去追求幸福。相信医药科技，怎样快乐舒服怎样做。对于大局已定无法改变的现实，就要学会顺其自然地勇敢接受。

每个人从一出生，就以哭喊的形式宣布新生命的来临。音质是先天的，受父母的遗传，音色是后天的，是人类经历情感的变化而产生。亲切和谐地说话交流，令人心动地唱歌、跳舞都能让人产生激情与活力，慷慨与爱意。人生要学会谦虚，说话温和方显高尚。

在生活中，由于各种巨大的压力而导致心理变态的人，时常会出现不讲理的话语，常常是出言不逊、阴阳怪调、大呼小叫，而且带有极不尊重他人的仇恨与敌意。

良言一句三春暖，恶语半句让心寒。经常神经兮兮说话尖酸刻薄的人，最让人心痛，也是让彼此内心产生烦恼的诱因。生活的历练，让我深刻地感受到：人生为善，福近祸远；人生为恶，祸近福远。

人类声音的产生源于劳动中传递信号的过程。美好的声音让人从内心产生愉悦感，产生轻重缓急、抑扬顿挫、悠扬悦耳、动人心弦、感人肺腑的感觉。

生活和谐，人人幸福。不和谐的声音会造成人注意力分散，工作效率低，遇事容易急躁，经常出现不必要的矛盾冲突，影响各种和谐的内、外环境，不断引发新的心理危险。

　　身心健康最重要。生活中，让人产生烦恼的不和谐声音，会导致人的神经处于高度的紧张状态及身体疲惫状态，从而引发神经系统的各种疾患，造成神经系统紊乱，出现神经衰弱、睡眠减少，甚至引起继发性高血压的产生以及各种心脑血管疾病的发生与恶化。

　　需要提高自我保护意识。生活中个别有严重心理疾病的人，经常会用一些精神污染的话语来攻击别人，如"我把这个人不当人"等，总用伤害他人的话打击别人。这种心理失去平衡变态的人，我们不能与他们斗气，因为他们的心理已经失去平衡，心态已经不正常了。正所谓任性斗气是内心痛苦不能自拔的表现，而当这种人鬼迷心窍时，会魂不守舍地出口伤人，此时他们的心神已游离，甚至会干出泯灭人性的恶行。

　　静心是生命灵魂的最好知己。如果我们中了精神污染的毒，反复思考别人说的恶言恶语，就会让我们患上焦虑抑郁，甚至恐惧分裂症，从而破坏我们正常的快乐心境，破坏我们追求幸福生活的美好心理，破坏我们身体健康最重要的"精、气、神"。

　　静心平衡能及时帮助我们滤掉精神污染，是身心健康幸福的良医良药。害人之心不可有，防垃圾之心不可无。我们要用心明眼亮的智慧看清负能量人的本质，离开他们越早越远越好，即使不能不开，从心理上也不要怕，我们要用坚强智慧来面对这种无耻之人。这个世上，人格是平等的，任何污损他人的言行，都会受到他人的蔑视，会得到无情的报应。

　　我们每个人都要用正确的心态，去认识大千世界中的千变万化、难以捉摸的所做所为。生命中善有善报、恶有恶报，心怀鬼胎，作恶多端的人是没有好下场的。

　　静心是生命的知己。我们要用正气压倒邪气，想把我伤到哀大莫过心死的"六根清净"地步，就用言行征服对方，害人其实等于让自己永远不得安宁。

　　许多心理学家通过对病情的分析认为，人的疾病 70% 以上是由导致内心烦恼的精神因素引起的。临床上，心脑血管疾病、神经官能症、性功能障碍、神经性皮炎、糖尿病、高血压、更年期综合征、肿瘤等都与不良心理有关。

静是修行智慧的心。"德不近佛者不可为医"。真正的养生专家都把调整心理情绪作为人生幸福长寿的根本，只有随时调控好心情，才能有效缓解精神压力带来的各种伤害，保持心态平衡的健康活力。

把世间繁杂的事办简单的人，才是聪明智慧的人。其实生活中许多问题并不复杂，也没必要烦恼，只是我们没有很好地摆正自身的位置，把问题弄得复杂化而已。心理不健康的人经常会作茧自缚，把自己或对方过去的问题串成串来考虑，而不是大事化小就事论事地解决掉。

生活中的各种不良心境会造成在原有问题没有解决的前提下，堆积成与对方的更大反感，随时一触即发，既严重伤害对方，又会残忍伤害自己的内心世界，造成彼此心情似地狱的共同伤害后果。

人生之光是一颗宽容的心。人生要想解除内心纠缠，就要时刻针对自己与他人的不良心理反应做出相应的调整，与合适的人进行心理沟通，这也是彻底根除心理烦恼，让精气神粲然的最有效途径。

生气任性的过程，是拿枪对准别人，也是同时对准自己的言行。任性的主要表现是与别人制"气"，任性是人心理不健康、偏激的表现，这也是非常顽固的心理误区。人在世上有成功的，也有失败的，关键在于不任性，在于用脑子里的静心大智慧创业。

生活的磨砺，让我意识到：当你想把他人送上"高压线"时，自己也会与他同病相连。生命中的成功幸福首先要靠自己去寻找、去把握，然后通过思维探索的成功经验，一步、一步循序渐进地来实现。

"养色含精气，粲然有心理。"让我们每个人从自己做起，严于律己、宽以待人、谨言慎行，减少精神污染的产生与传播。用科技智慧维护幸福，主动学好解决心理压力问题的方式方法，增强自我保护信念，改正错误的认知，及时释放各种压力的负面影响，成为一名永远掌控身心健康的幸福智者。

　　修一颗纯洁的心，才能做最好的自己。 修好我们的心灵情感就会受到保护，就会让精、气、神永驻心田，就会形成心理与生理的健康环境，促进我们的内心更加充实，生活更加有趣，精神更加健康，家庭生活更加快乐，社会更加和谐，生命时光更加美好幸福。

和谐生存胜良医　心情静默安逸舒展

与人无争是生命快乐幸福的大智慧。和谐生存是人与人之间的默契合作，是心与心之间交流的彩虹。强者与弱者的本质区别，在于是否有和谐智慧。任性斗气是心理纠缠的纠结痛苦过程，是让彼此随时处于精神崩溃边缘，让自己难以获得心安理得幸福的争斗战争。生活中不需要这种争战，争来争去，两败俱伤。

"不善于驾驭自己情绪的人总会有所失。"这是一位哲学家的人生感悟，更是我们每个人都要从中吸取的教训。人能掌控自己超过半数的健康，而调控好自己

的心情，是一件非常重要的事情，是需要我们正视而不能回避的人生大问题。出现问题并不可怕，怕就怕，认为丢脸，出现心理问题后不愿承认，而耽误了早期防治的最佳时机。

获得精神快乐最幸福。 每个人都要从小树立正确的人生观，人是万物之灵，先天就具有很强的适应能力。人活着就是活心情，人生要吃一堑、长一智，及时从教训中汲取经验，醒悟后，静心改变，才会让自己在坎坷的拼搏中成为智者。人生多灾多难，能坚强地从苦难与不幸中走出来的人，才是生命的强者。

如果我们能够及时调控好心情，才能产生积极乐观的生存心态，产生生命知足无悔的拼搏，同时获得生命中最有价值的心灵幸福，让和谐的阳光普照美好的心情，让人与人之间经常感受"忽然一夜百花开，万紫千红心开怀"的美好感觉。

曾有一句名言："生命的意义即不能模仿也不能引进，它只能由每个人在各自不同的存在环境中寻找和发现。生命的意义来自于个人与责任相连的自由中运用人类的精神力量。"我们每个人都要在现实残酷的竞争中，准确地了解自己与他人的心理活动情况，看清表面现象下产生不和谐的根本原因，及时祛除心理隔膜，多站在对方的角度思考问题，特别是要同情那些心底曾受过伤害，特别苦恼的人的心情，你就会产生宽容他人等于宽容自己的和谐感觉，让心情静默安逸舒展。

和谐心悦。 每个人都要明白，人的情绪影响人体内部身存机能的运转状态，影响着人体的八大循环系统，特别是内分泌系统，而免疫功能直接影响人体的健康。心理健康与情感调控的最佳平衡点是祛除杂念，我们应该用和谐的心态情感让自身成为良医。

学会远离伤害，让心情安逸。 对于先天心理障碍与后天形成的重度患者，他们总是以欺负他人的方式来发泄私愤，以恶语中伤他人来制造精神污染。恶人总是以自身拙劣的言行来污染一切，总是以为自己是垃圾，别人也应变为垃圾。这种人是不懂得尊重别人，理解任何事的人，这种不能宽容一切的做法，只能是搬起石头砸自己的脚，闹得人见人烦的地步，使自己的路越来越窄，越来越难走。

是青蛙就不要与癞蛤蟆鬼混。每位正常人都要以见怪不怪的心态，来对待有重度心理障碍的人，远离这种人越早越好，越远越好。心理健康的人，永远不要与有严重心理障碍的负能量之人斗气，斗气的结果只能让自己产生严重的心理伤害而焦虑痛苦，不能自拔。

在现实的生活与工作中，有许多心地善良的人，往往会受到一些人的排挤和冷遇，甚至会成为别有用心的人指责攻击目标和发泄烦恼的对象。有的人会因此陷入不能自拔的痛苦之中，心理学上称这种现象是受害者情绪反应。有了这种自卑心理，就会将无辜受伤害的责任全都归结在对方身上，而不是想如何改变自己，避免再受到无辜伤害。

心静则明。如果我们能够及时察明对方言行的真实目的，就能针对所指改变自身的不足，不让对方在太阳上找污点，在鸡蛋里挑骨头。其实烦恼人人都有，只不过或多或少罢了，产生烦恼、不和谐的原因，往往是自己的内心不坚强，庸人自扰的心理障碍而已。

与智者同行会改变命运。好人还是有的，也许换个角度看这个人真正用意，心情就会明亮豁达。对于个别不怀好意的挑衅言行，我们越要坚强乐观地面对，活出自我的风采。

健康幸福最重要。修好一生静心，生命不再飘摇。你想气我，我偏不生气，你想让我输，我非用心赢你。心情是自己给自己的无价之宝，静心平衡会产生生命的阳光，让自己更优秀才会什么都不怕。强者强在内心强大无敌，让自己每天高兴地生活，快乐地干自己最喜欢的事业。

认知改变命运。有一位哲学家通过多年研究发，不是事情本身使你不快乐，而是你对这件事情的看法使你不快乐。认知是透过对事情的表里的理解，改变思维理念来调控心情。当你的心开始懂得以静心平衡的大智慧去认知改变时，生命的真谛灵魂会让你心明眼亮、身心健康。

从心理学来讲，羡慕、嫉妒、恨的情绪，就像一件脱了线的毛衣，你越抽它就越长；失衡的心态似断了茬的布，越磨破绽就越多，所以不良的情绪越摩擦头绪就越乱，心理越是烦躁不安。有静心平衡智慧的人，在独处时会管好自己的心，非独处时能管好自己的言行。别人认为是愚蠢的人并不一定愚蠢，自以为非凡聪明者才是愚蠢。

生活就是活一个心态，心态平衡，身体就平衡，百病不侵。谨言慎行是每个人做人的准则，对自己、对他人都是非常重要的。要想让自己安逸舒展地生活，就要远离各种烦恼伤害，就要管好自己的事，没能力就不要去管别人家隐私的事。亲人之间的相互尊重、理解、宽容、支持对每个家庭成员的身心健康幸福都特别重要。

婚姻对每个人都很重要，不要为了一时失误而造成一生重大的痛苦。婚前不但要了解对方，还要了解对方的父母。有爱才有家，才会感受爱与爱的碰撞，两情相悦，有花相伴性生活才能产生永远健康、快乐、和谐幸福的天堂生活。

从心理学来讲，自己想找的，正是心理与生理上需要依靠的。当今人们的婚姻，大部分还是会受到父母干预，受到各种条件限制。有些人们的情感基础不坚实，还没有到让对方动心的地步，就执迷不悟，是火坑也往里跳。

恋爱时要懂得，爱是一种为对方好的终生付出；要懂得，爱是付出彼此的真诚与信任；要懂得，是你的爱不会走，不是你的爱想留也留不住，没有爱的感觉会产生痛苦的烦恼，早发现心理差距就要悬崖勒马及时分手，这也是给彼此人生重大选择的双重机会。

"你的幸福最重要。儿孙自有儿孙福，莫为儿女担远忧。"作为家长，真正爱子女就要为子女的长久幸福尽心竭力创造一定的条件，就要给子女的心灵幸福以最大的选择自由空间。

有一次，我在药店遇到一位过去很少看病，如今却依靠轮椅代步的心脑血管患者。

我说："你怎么了？"

"张大夫，不瞒你说，我是被儿子结婚的事气的。"

"什么事能把你气成这样？"她直言不讳地告诉我是如何干涉孩子婚事的整个过程，我听后感觉到这是干涉儿子婚姻所造成的恶果。

我对她说："孩子大了应该让他们自己去选择爱的感觉，坚持把你的思维观念强加在孩子身上，不但害了自己，也害了儿子及全家的幸福。爱是缘分，是感觉，是你的爱不会走，不是你的留不住，没有爱走得越远伤害越深，无爱早分手对彼此都是最明智的解脱。"

她说："我要早遇见你，早听你的劝说，我就什么病都不会得了。"

静心是超凡的幸福境界，好思维是智慧的海洋。用静心智慧及时地改变不良思维产生的情绪冲动，才能调整好心态，成为自己的心理医生，从而将积聚于内心的压力痛苦排出体外，让身心处于最佳的状态。

静心则思维敏捷。在这个繁杂的生活大舞台上，什么药都容易买到，只有后悔药无处可买。面对人间幸福话题，勇于改正错误，学会急刹车才对，如考驾照的考官问你："前面有人还有狗，你撞谁？"有的人会答"撞狗"，但正确的答案是踩刹车，什么都不撞。人生苦短，适合自己的是最美好的，让自己永生知足无悔的才最有价值。

常想美事心情爽。想美事能够调整心理，提高免疫力，减少心理障碍疾患的产生。从精神心理学的角度来讲，心理作用于躯体才能维护内环境的体内动态平衡，这样才有利于个体生命，对各种情况下的适应能力不断提高。

平时多想美事，能让自己保持内心平和，乐观处理各种复杂的事情，惬意地生活。换个角度看问题会转变不良情绪，主动热情会创造幸福财富。

静心是生命最好的知己。不同的思维方向会导致不同的结果，想美事是帮我们理智地控制好心情的方式。我们要以适应生存的心态生活，改变不了生存环境就要学会改变思维的方式，去应对变幻莫测的人生百态。

静心唱歌是生命中的智慧乐章。唱歌是一项非常高雅的艺术，唱歌不但能让平滑肌（心肺等器官）得到锻炼，放松心情，提高器官功能，而且能定神养魂，通心养性，排解不良情绪及压力给精神心理及生理带来的不良影响，及时产生和谐胜良医，能够获得心情安逸舒展的幸福。

歌声韵动心扬。音乐能增进了解与情绪释放。如让十对大龄男女在一起唱歌，不出半天就有三对男女成为好朋友，甚至发展为未来的夫妻。唱歌能给身心带来激情与活力、慷慨与爱意，唱歌能让人的心智得以调整，及时纠正迷茫心态，达到唱出忧伤，唱出快乐，增强欲望，唱响生命新时代舒心养肺的幸福新篇章。

心情静默，安逸舒展。静默能调整人们在日常生活中由于许多原因出现的不良情绪，即生理反射性紧张所引发焦虑或激动的情绪。静默能产生一种自我心态意识的塑形，静默疗法能让人从精神上得以放松，还可以引发体内生理性的放松改变。

心简单，才会产生幸福。静默是一种心态平衡运动，心情好，身体好。随着心跳和呼吸变缓慢，肌肉紧张度和氧气消耗会下降，气血通畅，血压平稳，新陈代谢正常。

人生最大的幸福，就是能及时地改正错误。生气就是自己气自己，葬送自己幸福的过程，生气是让心底怒火重烧，产生各种各样心理与生理疾病的痛苦过程，生气是造成彼此精神痛苦不堪，让自己一生都深浸悲伤中无法打开内心世界，无法获得美好心情幸福的心底恶魔。

人生苦短，什么人都有，不管年龄大小，健康是最大的财富。爱生气的人往往都是心理压力大，什么也想不开的心理障碍患者。他们从来不觉得自己不对，也从不在意将对方气成啥样，把自己的气释放出来就完事，而与无知庸人斗气，是永远也争不出理来的。生活中我们要体谅他人的难处，用静心平衡的智慧心态看开一切的人，才能感受到心情愉悦、安逸舒展的健康幸福生活。

你若光明，这世界就不黑暗。你若自信沉着，对世界就不会绝望。你若静心面对一切，这世界就是你的天堂。当压力大时，给对方来个大大的拥抱，就能安抚对方焦虑的心情。特别是男女之间，拥抱能让彼此血液融通，感觉减轻许多压力，身体处处得到了滋润一样。

健康放松运动，是良医良药。心情不好时别抱怨，来个深呼吸。气聚丹田（小腹），先张嘴吸气，再用鼻呼气，默数十个数，闭气五下，再呼气，带出"唉"声。只要坚持在偷闲片刻做以上这两项运动，就会发现压力减轻，浮躁的心情平静了，对生理和心理方便的病症都会起到确切的疗效。

健康是无价之宝。人体脚下的穴位是人体经络气血的起点，经常用手心拍对应脚心，能拍掉与心情紊乱有关的一百多种疾病，如神经衰弱、神经官能病症群（约占75%以上）。这类常见病人经常出现神经性头痛或偏头痛、眩晕、耳鸣、失眠健忘、心神不宁、郁闷心烦、易躁易怒、经络气血不通畅、情感兴趣低下等身心疾病。

按摩可以让人头脑清醒，去除不良心理应激反应。人体头部分前动脉、后动脉。经常按摩提拉天柱穴、风池穴、颊车穴、太阳穴、头维穴，能迅速打开大脑供血开关，给大脑供血，给心理输送氧气。

按摩是中医最直接有效的治疗方法，通过打开任、督二脉，打开心脑血管循环的开关，使全身血液循环畅通，大脑供血充盈，人体就会精气神旺盛。按摩既醒神健脑，又能调控心情，可以帮助人体排解精神心理压力及生理毒素，降低各种毒素对心脑血管的危害。

最新医学研究证实，心脏神经官能症是神经官能症的一种特殊类型，以心血管系统功能失调为主要表现。根据心情是否稳定，出现时好时坏的应激反应。常见症状包括心情受压抑，胸闷气短，心脏前后胀痛，头痛眩晕，呼吸急促，精气神减弱，浑身无力，经常寝食难安，失眠多梦，各种欲望低下，总是忧心忡忡。

这种病与压力造成的焦虑抑郁情绪有关，是普遍存在于人群中的神经官能症状群的不良反应，与肋间神经痛是有区别的（肋间点状疼痛是神经痛）。

人生不容易，要用心懂自己、懂生活。人与人之间观念的不同，主要原因在于成长环境的不同。若要快乐，就要随和；若要幸福，就要随缘。快乐是心的愉悦，幸福是心的满足。心理障碍是人类普遍存在的偏执疾病，而情绪主要靠自己用静心大智慧来调控。我们要用欣赏的眼光看待别人的优点，用理解的心态宽容他人的不足。

心中有阳光，生命才幸福。生活就是活心情，别和他人争吵，别和自己过不去，生气就是自己气自己。生活中人们永远笑话的是对牛弹琴的人，而不是那头牛。

静心平衡，高山仰止。遇事想不开就不要去想，得不到就不要。无计较之心，心常愉悦；随缘起止，随遇而安，心常满足，幸福倘徉。一边糊涂、一边潇洒，一天的心情靠随和，一生的幸福靠随缘。医者仁爱，健康最美。愿身心健康，快乐幸福陪伴每一个人。

人生之光，是一颗平静宽容的心。人生要做参天大树，站立挺拔，没有悲伤。一面沐浴阳光，一面挥洒阴凉；一面风中激扬，一面土里安详。安逸的生活谁都想拥有，因为它是内心平静的愉悦富足。想要过上最好的生活，就一定会遭遇最痛心的伤害。这个世上，能促进人类健康幸福的好书，必将成为每个人心中学以致用的无价之宝。

静心平衡是生命之光。作为一名医生，最重要的是破解保健密码，让那些精神心理即将崩溃、挣扎在死亡线上的人，重新回到心态平衡的健康状态之中。当心情紊乱，感觉到压抑痛苦时，按揉头部的印堂、太阳、头维等穴将会改善你的内心疲劳，使大脑清醒，等于给自己的内心做按摩，让复杂纠结的心情处于静心平衡的健康状态。

按摩劳宫穴可以抵抗抑郁焦虑的心理障碍。劳宫穴属于手厥阴心包经，因心包代心受邪，故刺激劳宫穴，可使心神得以安宁，开怀解郁。病由心生，所以需要静心平衡。心疲劳是精神上的一种抑郁状态，常导致神经衰弱、失眠、烦躁等一系列疾病的发生与发展。经常指压劳宫穴、内关穴，按揉太渊、合谷、手三里、极泉等穴，可以促进精神心理及时得到安慰调整，让抑郁焦虑的心情得到缓解释放。

坦然面对世间变幻，风清云淡做好自己。坦然面对，就是通过心理学而弄懂了哲学生存的智慧转换过程。不管人世间遭遇多大的挫折，都要用正确的思维来解救自己，以强大随缘的心，支撑照顾好自己的内心世界。

静心平衡是生命中的大智慧精华，不懂静心平衡是人生最大的无知。学以致用，才不会受到自虐与被虐的各种心理与生理伤害。

天道酬勤，天助自强者。人生要学会放下犹豫，勇敢走自己成功幸福的路。世上任何成功都不是轻而易举获得的，它是一种厚积薄发的心理成长升华的过程。人生成功之路，是指通过走过所有失败的弯路后，用正确思维找准属于自己唯一，一条成功幸福大道。

倾注爱心能量，斟字酌句成梦想。倾注是珍爱生命的人性化体现，斟字酌句是用能量创作好书。医者宽容体贴入微，仁爱之心仁恒敬之。好书能向阳光一样照亮每个人的心灵，能教人学会思考，感受爱与善的巨大能量。

创作好书是我追求梦想的过程，难如登天，让我从中感受到能量释放的快乐，也让我遭遇到了心境似地狱的精神心理与生理疾病的伤害。创作人类生命健康的丛书过程，让我从心是内因"神"的灵魂之中，净心懂得感恩与宽容，更是我感恩母爱的学习过程。

关爱每个人的心理健康成长，滋养生命的成功幸福是我的心灵方向。但作为一名把生命都献身医学天职工作的我，能把最珍贵的生命能量，倾注给人类最壮丽的健康事业，就是实现了我立志要成为人类生命健康幸福保护神的最大梦想！

您的健康幸福最重要。在这里特别感恩同道大爱无疆的奉献，更感恩贵社华中健主任大爱有形的不懈支持。让世界充满爱，让中国更强大，让生命更精彩！

后记

国家以人民健康幸福为荣。

人有三宝：精、气、神；无精打采易得病。患重病的痛苦是无法用意志战胜的，它会让人感受度日如年的痛苦悲哀。

现代医学发现，人体各种疾病与精神心理压力有紧密关系，压力是给人体造成的各种精神心理与心理生理负担，当人体压力激素令人焦躁时，人体免疫系统将受到抑制的摧毁。

幸福就像身后的影子，你开心健康，它就会形影不离。人之所以幸福，并不是想着幸福，而是遗忘痛苦烦恼，继续为健康幸福努力。

遗忘是最好的解脱；沉默是最好的表述。

人生无信而不立，信任是昂贵的，别期盼庸人拥有它。

大科学家霍金曾说：人类发明语言，就是为了沟通。

百病从心起，医病先医心。患重病的身心是脆弱的，不论以前经历多少伤心痛苦，过去了就不要再想。想不开就会让神经处在高度紧张状态，让身心疾病重生，时刻都处于无助的痛苦崩溃边缘。

生命中的偶然是必然的趋势。心宽体健，胜似神仙。

快乐是生命的动力，半梦半醒的朦胧状态最快乐。

静心是一种修身养性的大智慧。静心，人情风景都会变美好。

心灵静极而定，刹那便是永恒。

心有多大的恩，就有多大的福。

生活中许多时候，我们有不快乐的感觉，并非因为寂寞，而是有太多的无能为力。

生活不是用来对立的，人生不是用来争斗的。将心比心，都能静心。

人与人之间懂心最幸福；灵魂与身体的结合最完美。

人在猜疑中活着注定很纠结，这样会被别人的不良情绪左右。很多的时候，我们想要的只是对方肯定的眼神和一个句懂心的理解。

好子女有义务不让父母担心，好父母会用智慧会言传身教，让子女快乐健康地生活下去。

好作家是用百姓喜闻乐见的独特视角，在百炼成钢的意志下修炼出德才兼备的人品。

《黄帝内经》曰：故智者之养生也，必须四时而适寒暑，和喜怒而安居处，节阴阳而调刚柔。如是则僻邪不至，长生久视。

张朝明（日月心）

2018 年 6 月

附：休闲心理夜间健康作息

（睡眠是生命幸福的源泉）

1. 晚上 9 点至 11 点，为免疫系统排毒阶段，可以静听美好乐章，让自己身心愉悦，准备入睡。

2. 晚上 11 点至凌晨 1 点，为肝脏的排毒阶段，需要在熟睡中进行。

3. 零点至凌晨 4 点，为脊髓造血阶段，不宜熬夜。

4. 凌晨 1 点至 3 点，是胆的排毒阶段。

5. 凌晨 3 点至 5 点，是肺的排毒阶段。

6. 凌晨 5 点至 7 点，是精神心理与心理生理的排毒阶段。